高等院校机电类专业"十三五"系列规划教材

工 程 材 料

GONGCHENG CAILIAO

主 编 刘晖晖 韩蕾蕾

副主编 吴超华 余 帆

 合肥工业大学出版社

图书在版编目(CIP)数据

工程材料/刘晖晖,韩蕾蕾主编.—合肥:合肥工业大学出版社,2017.7(2024.8重印)
ISBN 978-7-5650-3475-6

Ⅰ.①工…　Ⅱ.①刘…②韩…　Ⅲ.①工程材料　Ⅳ.①TB3

中国版本图书馆 CIP 数据核字(2017)第 175641 号

工 程 材 料

主　编　刘晖晖　韩蕾蕾	责任编辑　马栓磊
出　版　合肥工业大学出版社	版　次　2017 年 7 月第 1 版
地　址　合肥市屯溪路 193 号	印　次　2024 年 8 月第 3 次印刷
邮　编　230009	开　本　787 毫米×1092 毫米　1/16
电　话　理工编辑部:0551-62903120	印　张　11.75
市场营销部:0551-62903198	字　数　267 千字
网　址　press.hfut.edu.cn	印　刷　合肥华星印务有限责任公司
E-mail　hfutpress@163.com	发　行　全国新华书店

ISBN 978-7-5650-3475-6　　　　　　定价:28.00 元

如果有影响阅读的印装质量问题,请与出版社市场营销部联系调换

前　　言

　　工程材料是机械类和近机类专业的一门重要的专业基础课。工程材料课程的任务是从应用的目的出发,论述工程材料的基本理论,介绍常用工程材料的成分、工艺、组织结构与性能之间的关系及其应用等知识。为了适应教学改革,需要压缩课程的学时数。因此全书内容仍按课程教学基本要求编写,保留了现有同类教材的基本内容,避免结构不全不利教学。本书对教学内容进行了优化,避免过于繁琐的陈述,对整体篇幅进行了控制。

　　本书由文华学院刘晖晖、韩蕾蕾担任主编,武汉理工大学吴超华和武昌首义学院余帆担任副主编。刘晖晖编写绪论、第二章、第三章、第五章、第七章,韩蕾蕾编写第四章、第六章、第八章、第九章、第十章,吴超华、余帆编写第一章。

　　本书的出版得到了合肥工业大学出版社、湖北大信博文图书发行有限公司的大力支持,编者在此表示衷心的感谢! 由于编者水平有限,书中不妥之处在所难免,恳请读者批评指正。

目　录

绪　　论

一、材料的发展

材料（materials）是人类用来制作各种产品的物质，是先于人类存在的，是人类生活和生产的物质基础，它反映了人类社会文明的水平。材料、生物、能源、信息是支撑人类文明大厦的四大支柱技术。

人类经历了石器时代（古猿到原始人的漫长进化过程，使用燧石和石英石原料），新石器时代（原始社会末期开始用火烧制陶器），青铜器时代（公元前 2140 年开始），铁器时代（春秋战国时期开始大量使用铁器），钢铁新时代（18 世纪后），到 20 世纪五六十年代钢铁基本达到鼎盛时期，现在进入了有机合成材料、复合材料、陶瓷材料、功能材料等新材料快速发展的时期。

二、课程的目的和内容

本课程是机械类、近机类专业的一门专业基础课，课程设置的主要目的是让学生学习工程材料的基本理论，熟练掌握材料的化学成分、加工工艺、组织结构与性能之间的关系，使学生获得有关工程结构和机器零件中常用的材料的基本理论知识，并能够做到以下几点：

（1）合理地选择金属材料；

（2）正确地拟定各种加工工艺过程，充分发挥材料的潜力，延长寿命，节约材料；

（3）按给定的性能开发新的合金。

第一章　工程材料的分类和金属材料的性能

第一节　工程材料的分类

工程材料主要用来制造工程构件和机械零件,一般将工程材料分为金属材料、高分子材料、陶瓷材料和复合材料等四大类,其中最基本的是金属材料。

1. 金属材料

以过渡族金属为基础的纯金属及含有金属、半金属或非金属的合金。工业上通常把金属材料分为两大类:

(1)黑色金属——铁和以铁为基的合金(钢、铸铁等);

(2)有色金属——黑色金属以外的所有金属及其合金。

2. 高分子材料

以高分子化合物为主要成分的材料。

(1)塑料:主要指工程塑料,又分热塑性塑料和热固性塑料。

(2)合成纤维:由单体聚合而成再经过机械处理成的纤维材料。

(3)橡胶:经硫化处理,弹性优良的聚合物,分通用橡胶和特种橡胶。

(4)胶黏剂:分树脂型、橡胶型和混合型。

3. 陶瓷材料

由一种或多种金属元素与非金属元素的氧化物、碳化物、氮化物、硅化物及硅酸盐等所组成的无机非金属多晶材料,通常可分为以下几种。

(1)普通陶瓷:主要为硅、铝氧化物的硅酸盐材料。

(2)特种陶瓷:高熔点的氧化物、碳化物、氮化物等烧结材料。

(3)金属陶瓷:用生产陶瓷的工艺来制取的金属与碳化物或其他化合物的粉末制品。

4. 复合材料

是由两种或两种以上的材料组合而成的材料。

(1)按基体相种类分:聚合物基、金属基、陶瓷基、石墨基等。

(2)按用途分:结构复合材料、功能复合材料、智能复合材料等。

在人类漫长的历史进程中,材料一直是社会进步的物质基础和先导。在 21 世纪,材料科学必将在当代科学技术迅猛发展的基础上,朝着高功能化、高性能化、复杂化和智能化的方向发展,从而为人类社会的物质文明建设做出更大贡献。

第二节　金属材料的性能

金属材料的性能分为使用性能和工艺性能。使用性能是指金属材料在使用过程中反映出来的特性,它决定金属材料的应用范围、安全可靠性和使用寿命。使用性能又分为机械性能、物理性能和化学性能。工艺性能是指金属材料在制造加工过程中反映出来的各种特性,是决定它是否易于加工或如何进行加工的重要因素。

在选用金属材料和制造机械零件时,主要考虑力学性能和工艺性能。在某些特定条件下工作的零件,还要考虑化学性能和其他物理性能。

一、金属材料的力学性能

机械零件或工具,在使用过程中,往往要受到各种形式外力的作用。如起重机上的钢索,受到悬吊物拉力的作用;柴油机上的连杆,在传递动力时,不仅受到拉力的作用,而且还受到冲击力的作用;轴类零件要受到弯矩、扭力的作用;等等。为了保证零件能长期正常地使用,金属材料必须具备抵抗外力而不破坏或变形的性能,这种性能称为力学性能(也叫机械性能),即金属材料在外力作用下所反映出来的力学性能。金属材料的力学性能是零件设计计算、选择材料、工艺评定以及材料检验的主要依据。

不同的金属材料表现出来的力学性能是不一样的,衡量金属材料力学性能的主要指标有强度、塑性、硬度、韧性和疲劳强度等。

1. 强度

强度是指金属材料在静载荷作用下抵抗变形和断裂的能力。强度大小通常用应力表示。不同材料的强度指标和塑性指标可以用拉伸试验方法测定。

拉伸实验是在拉伸试验机上进行的,按国家标准 GB/T 228—2002 制作标准拉伸试样(分为长试样 $L_0 = 10d_0$,短试样 $L_0 = 5d_0$)在试验机上缓慢地从试样两端由零开始加载使之承受轴向拉力 P,并引起试样沿轴向伸长($\Delta L = L_1 - L_0$),直至试样断裂。将拉力 P 除以试样横截面积 A_0,即得拉应力 σ;将伸长量除以原始长度 L_0,即得应变 ε。以 σ 为纵坐标,以 ε 为横坐标,即可画出应力-应变曲线,如图 1-1 所示。图中试样在断裂前经历四个变形阶段:

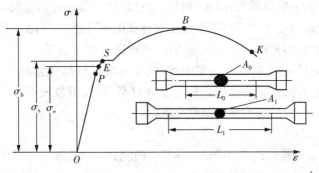

图 1-1　低碳钢应力-应变曲线

① 弹性变形阶段。曲线中开始一段为直线,在这一段的加载过程中,若中途卸除载荷,则试样恢复原状,这种可恢复的变形成为弹性变形。直线部分的斜率用 E 表示,称为弹性模量,此值仅与材料有关,反映了材料抵抗弹性变形能力的大小,即刚度。E 越大,则弹性越小,刚度越大;反之,E 越小,则弹性越大,刚度越小。材料在使用过程中,如刚度不足,则会由于发生过大的弹性变形而失效。σ_e 为保持弹性变形的最大应力,称为弹性极限。

② 屈服阶段。当载荷增加到 S 点时曲线转为一水平段,即应力不增加而变形继续增加,这种现象称为"屈服"。若此时卸载,试样的伸长只能部分地恢复,而保留一部分残余变形,即产生塑性变形。试样产生屈服时的应力称为屈服强度,以 σ_s 表示。

但有许多金属材料没有明显的屈服现象。按国家标准 GB/T 228—2002 规定,通常规定以试样残余伸长率为 0.2% 时的应力 $\sigma_{0.2}$ 来表示,称为条件屈服强度。σ_s 或 $\sigma_{0.2}$ 是机械零件设计和选材的主要依据,以此来确定材料的许用应力。

③ 均匀变形阶段。在屈服阶段以后,欲使试样继续伸长,必须不断加载,直到达到相应程度。在此过程中,随着塑性变形增加,试样变形抗力也逐渐增加称加工硬化。

④ 颈缩阶段。当应力达到最大值时,试样的直径发生局部收缩,称为颈缩。

此后由于试样截面变小而不足以抵抗外力的作用,在 K 点发生断裂。断裂前最大应力为抗拉强度,以 σ_b 表示。

2. 塑性

塑性指材料在外力作用下发生塑性变形而不断裂的能力。工程中常用的塑性指标有伸长率 δ 和断面收缩率 ψ。

$$\delta = \frac{L_1 - L_0}{L_0} \times 100\% \tag{1-1}$$

$$\psi = \frac{A_0 - A_1}{A_0} \times 100\% \tag{1-2}$$

式中:L_0——试样的标距原长(mm);

L_1——试样拉断后的标距长度(mm);

A_1——试样拉断后颈缩处的最小横截面面积(mm^2)。

注意:长试样的伸长率用符号 δ_{10} 表示,短试样的伸长率用符号 δ_5 表示,习惯上 δ_{10} 也写成 δ。比较不同材料的伸长率时,应尽量采用同样尺寸规格的试样。

金属材料的 δ 和 ψ 数值越大,表示材料的塑性越好。塑性好的金属可通过压力加工、焊接等加工方法制成形状复杂的零件。例如工业纯铁的 δ 可达 50%,ψ 可达 80%,可以拉成细丝、扎薄板等。而白口铸铁的 δ 和 ψ 几乎为零,不能进行塑性加工。

图 1-1 所示是低碳钢的应力-应变曲线,并非所有材料都有类似的曲线形状。图 1-2 所示的为铜和铸铁的应力-应变曲线。铜是塑性材料,曲线阶段较长,且不出现明显的屈服阶段。铸铁属脆性材料,没有明显的塑性变形。

3. 硬度

硬度是指材料表面抵抗比它更硬的物体压入的能力。它反映了材料抵抗局部塑性变形的能力,是检验毛坯或成品件、热处理件的重要性能指标。一般来讲,硬度越高,越有利于耐磨性

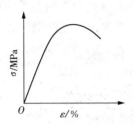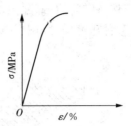

图 1-2　铜、铸铁的应力-应变曲线

的提高。生产中常用的硬度测试法为压入法,主要有布氏硬度、洛氏硬度和维氏硬度三种。

（1）布氏硬度

将一直径为 D 的淬火钢球或硬质合金球作为压头,在载荷的作用下压入被测试金属表面,保持一定时间后卸载,测量金属表面形成的压痕直径 d,并根据所测直径查表,即可得布氏硬度值。布氏硬度原理图如图 1-3 所示。

$$布氏硬度 = 0.102 \times \frac{2F}{\pi D(D - \sqrt{D^2 - d^2})} \tag{1-3}$$

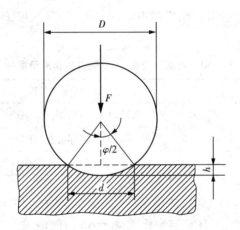

图 1-3　布氏硬度原理图

布氏硬度指标有 HBS 和 HBW,前者所用压头为淬火钢球,适用于布氏硬度值低于 450 的金属材料,如退火钢、正火钢、调质钢及铸铁、有色金属等;后者压头为硬质合金球,适用于布氏硬度值为 450~650 的金属材料,如淬火钢等。

标注布氏硬度值时,符号 HBS 或 HBW 之前的数字为硬度值,符号后面数字按球体直径、试验力保持时间(10~15s 不标)的顺序表示试验条件。例如:120HBS10/1000/30 表示用直径 10mm 钢球在 9.807kN 试验力作用下保持 30s 时测得的布氏硬度值为 120。

布氏硬度检测的优点是其硬度代表性好,由于通常采用的是 10mm 直径球压头,3000kg 试验力,其压痕面积较大,能反映较大范围内金属各组成相综合影响的平均值。布氏硬度试验的缺点是压痕较大,不适用于成品检验。

（2）洛氏硬度

在初始试验力 F_0 及总试验力 $(F_0 + F_1)$ 先后作用下,将压头(金刚石圆锥体、钢球)压入试样表面,经规定保持时间后,卸除主试验力 F_1 后,在初试验力下用测量的残余压痕深度增量 h 计算硬度的一种压痕硬度试验。被测材料硬度可直接由硬度计刻度盘读出。洛氏硬度原理如图 1-4 所示。

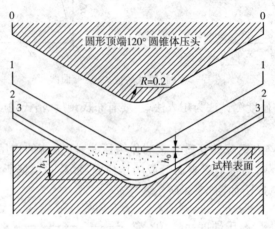

图 1-4 洛氏硬度原理图

根据所加载荷和压头的不同,洛氏硬度有三种标尺,分别以 HRA,HRB,HRC 来表示,如表 1-1 所示。

表 1-1 洛氏硬度符号、试验条件和应用举例

硬度符号	压头	试验力/N(kgf)	硬度值有效范围	应用举例
HRA	120°金刚石圆锥头	558.4(60)	70HRA 以上,相当于 350HBS 以上	硬质合金、表面淬火钢
HRB	1.588mm 的淬火钢球	980.7(100)	25HRB～100HRB 相当于 60HBS～230HBS	软钢、退火钢、铜合金
HRC	120°金刚石圆锥头	1471(150)	20HRC 以上相当于 225HBS 以上	淬火钢件

以上三种洛氏硬度中,以 HRC 应用最多,一般经淬火处理的钢或工具都用 HRC 测量。在中等硬度情况下,洛氏硬度 HRC 与布氏硬度 HBS 之间的关系约为 1∶10,如 40HRC 相当于 400HBS。

洛氏硬度与布氏硬度相比,其数据重复性差、硬度值的准确性较差。在测试洛氏硬度时,一般至少要选取不同位置的三点测出硬度值,再计算平均值作为被测材料的硬度值。但洛氏硬度试验压痕小,对试样表面损伤小,实验操作操作简单,测量迅速,可在指示表上直接读取硬度值,工作效率高,常可直接检验从很软到很硬金属材料的成品或半成品的硬度,是最常用的硬度试验方法之一。

(3)维氏硬度

指采用相对面夹角为 136°的正四棱锥体金刚石压头,在试验力作用下压入试样表面,保持规定时间后,卸除试验力,用测量试样表面压痕对角线的长度计算硬度的一种压痕硬度试验,维氏硬度原理如图 1-5 所示。

在实际工作中,维氏硬度同布氏硬度一样,不用计算,而是根据压痕对角线长度,从专用表中直接查出。维氏硬度表示为 HV,维氏硬度符号 HV 前面的数值为硬度值,后面为试验

力值。标准的试验保持时间为 $10\sim15s$。如果选用的时间超出这一范围,在力值后面还要注上保持时间。

$$维氏硬度=0.102\times\frac{2F\sin\frac{136°}{2}}{d^2} \qquad (1-4)$$

例如:600HV30 表示采用 294.2N(30kg)的试验力,保持时间 $10\sim15s$ 时得到的硬度值为 600。

600HV30/20 表示采用 294.2N(30kg)的试验力,保持时间 20s 时得到的硬度值为 600。

维氏硬度试验的压痕是正方形,轮廓清晰,对角线测量准确,因此,维氏硬度试验是常用硬度试验方法中精度最高的,同时它的重复性也很好,这一点比布氏硬度计优越。维氏硬度试验测量范围宽广,可以测量目前工业上所用到的几乎全部金属材料,从很软的材料(几个维氏硬度单位)到很硬的材料(3000 个维氏硬度单

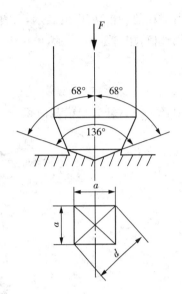

图 1-5 维氏硬度原理图

位)都可测量。但维氏硬度试验效率低,要求有较高的试验技术,对于试样表面的光洁度要求较高,通常需要制作专门的试样,操作麻烦费时,通常只在实验室中使用。

应当指出,各硬度试验法测得的硬度值不能直接进行比较,必须通过硬度换算表换算成同一种硬度值后方可比较其大小。

4. 冲击韧度

在生产实践中,许多机械零件在工作中,往往要受到冲击载荷的作用,如锻锤锤杆、冲床冲头等,由于冲击载荷的加载速度大,作用时间短,机件常常因局部载荷过大而产生变形和断裂。因此,对于承受冲击载荷的机件,在选用制造这类零件的材料时,其性能指标单纯用静载荷作用下的指标(强度、塑性、硬度)来衡量是不安全的,必须考虑材料抵抗冲击载荷的能力。金属材料在冲击载荷下抵抗破坏的能力称为冲击韧度。

测定冲击韧性的方法是用一个带有 V 形或 U 形刻槽的标准试样,在一次摆锤式弯曲冲击试验机上弯曲击断,测定其所消耗的能量。常用的标准试样如图 1-6 所示。

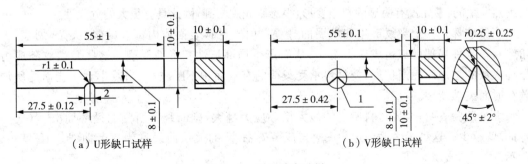

(a)U形缺口试样　　　　　　　　(b)V形缺口试样

图 1-6 夏比冲击试样

试验时,将带缺口的试样安放在试验机的机架上,使试样的缺口位于两支架中间,并背向摆锤的冲击方向,如图 1-7 所示。将摆锤放置一定高度,释放摆锤将试样冲断。冲断试

样所消耗的冲击功用 A_k 表示,可直接由刻度盘读出。在试样横截面积上所消耗的功称为冲击韧性值,用符号 α_k 表示,单位为 J/cm²。

$$\alpha_k = \frac{A_k}{S} \tag{1-5}$$

式中:S——试样缺口横截面积(cm²)。

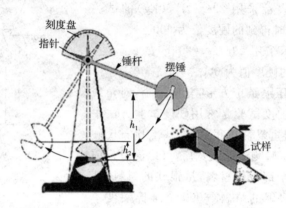

图 1-7 冲击试验示意图

在同一温度,由不同材料做成的相同的冲击试样,冲击吸收的功越大,冲击韧度越大,表示材料的韧性越好。在不同温度、相同材质、相同冲击试样的一系列冲击试验时,随温度的降低,冲击韧度总的变化趋势是随温度降低而降低。当温度降至某一数值时,冲击韧度急剧下降,钢材由韧性断裂变为脆性断裂,这种现象称为冷脆转变。这种在一系列不同温度的冲击试验中,冲击吸收功急剧变化或断口韧性急剧转变的温度区域称为韧脆转变温度。材料的韧脆转变温度越低,材料的低温冲击韧度越好。一般在选择金属材料时,应考虑其周围环境的最低温度必须高于材料的韧脆转变温度。

5. 疲劳强度

许多机械零件,如齿轮、弹簧等,在工作中各点承受的应力随时间做周期性的变化,这种周期性变化的应力称为交变应力。承受重复应力或交变应力的零件,工作中往往在低于其屈服强度的情况下发生断裂,这种断裂称为疲劳断裂。无论是脆性材料还是韧性材料,疲劳断裂都是突然发生的,事先没有明显的塑性变形,很难事先观察到,因此具有很大的危险性。

疲劳破坏是一个裂纹产生和发展的过程。由于材料表面或内部有缺陷(夹杂、划痕、尖角等),在零件局部区域造成应力集中,从而产生局部塑性变形而开裂。这些微裂纹随应力循环次数的增加而逐渐扩展,使材料承受载荷的有效面积不断减小,当减小到不能承受所加载荷时而突然断裂。

大量试验表明,金属材料所受的最大循环应力越大,则断裂前所受的循环周次 N(疲劳寿命)就越少。这种最大循环应力 σ_{max} 与疲劳寿命 N 的关系曲线称为疲劳曲线,如图 1-8 所示。

从曲线可以看出,循环应力 σ 越低,则断裂前的循环周次 N 越多。当应力降到某一定值后,曲线趋于水平,这说明当应力低于此值时,材料可经无限次应力循环而不断裂。试样不发生断裂的最大循环应力值称为疲劳极限,也称为疲劳强度,用 σ_{-1} 表示。实际上,材料不可

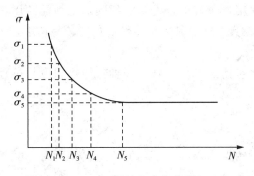

图 1-8　材料的疲劳曲线

能做无限次交变应力循环试验,一般钢铁材料取循环周次为 10^7 次时能承受的最大循环应力为疲劳极限。有色金属取 10^8 次,在腐蚀介质使用的钢铁材料取 10^6 次。

提高疲劳抗力,可通过合理选材、细化晶粒、减少材料和零件的缺陷等方式;在设计、制造各类机械零件时,应尽量采用合理的结构形状,避免应力集中,尽可能采用表面强化手段(喷丸、表面淬火等)。

二、金属材料的工艺性能

金属零件的加工是机器制造中的重要步骤。工艺性能一般是指材料在成形过程中实施冷、热加工的难易程度。材料工艺性能的好坏,会直接影响制造零件的工艺方法、质量及成本,主要的工艺性能有以下几个方面。

(1)铸造性能

材料铸造成型获得优良铸件的能力称为铸造性能。衡量铸造性能的指标主要有流动性和收缩性等。

熔融材料的流动能力称为流动性。它主要受化学成分和浇注温度等影响。流动性好的材料容易充满型腔,从而获得外形完整、尺寸精确和轮廓清晰的铸件。

铸件在凝固和冷却过程中,体积和尺寸减小的现象称为收缩性。铸件收缩不仅影响尺寸,还会使铸件产生缩孔、疏松、内应力、变形和开裂等缺陷,因此用于铸造的材料其收缩性越小越好。

(2)锻造性能

锻造性能是指材料是否易于进行压力加工的性能。它取决于材料的塑性和变形抗力。塑性越高,变形抗力越小,材料的锻造性能越好。例如纯铜在室温下就有良好的锻造性能,碳钢在加热状态锻造性能良好。

(3)焊接性能

焊接性能主要是指在一定焊接工艺条件下,获得优质焊接接头的难易程度。它受到材料本身特性和工艺条件的影响。碳钢的焊接性主要由化学成分决定,其中碳含量影响最大。例如,低碳钢具有良好的焊接性,而高碳钢和铸铁的焊接性不好。

(4)切削加工性能

材料接受切削加工的难易程度称为切削加工性能。切削加工性能主要用切削速度、加工表面光洁程度和刀具使用寿命来衡量。影响切削加工性能的因素有工件的化学成分、组织、硬度等。一般认为材料具有适当硬度和足够脆性时较易切削。

（5）热处理性能

热处理工艺性能主要包括淬透性、热应力倾向、加热和冷却过程中的裂纹形成倾向等，热处理工艺性能对钢材料来说是非常重要的。

习　　题

1-1　什么是金属的力学性能？根据载荷形式的不同，力学性能主要包括哪些指标？

1-2　什么是强度？什么是塑性？衡量这两种性能的指标有哪些？

1-3　什么是硬度？常用硬度试验方法有哪几种？指出它们的优缺点。

1-4　低碳钢做成的 $d_0 = 10\text{mm}$ 的圆形短试样经拉伸试验，得到如下数据：$F_s = 21000\text{N}$，$F_b = 35000\text{N}$，$l_1 = 65\text{mm}$，$d_1 = 6\text{mm}$。试求低碳钢的 σ_s，σ_b，δ_5，ψ。

1-5　什么是冲击韧度？A_k 和 α_k 各代表什么？

1-6　什么是疲劳现象？什么是疲劳强度？

1-7　什么是材料的工艺性能？

第二章　金属的晶体结构

不同的金属材料具有不同的力学性能,即使是同一种金属材料,在不同的条件下,其性能也是不同的。金属性能的这些差异,从本质上说,是由其内部组织结构所决定的。了解金属的结构和结晶规律,对控制材料的性能、正确选用材料、开发新材料有重要指导意义。

第一节　金属的晶体结构

一、晶体与非晶体

根据原子在物质内部排列方式的不同,通常可将固态物质分为晶体与非晶体两大类。原子或分子按一定规律周期性排列的固态物质,称为晶体,如金刚石、食盐、雪花和一切固态金属及其合金等。原子或分子呈无规则排列的固态物质,称为非晶体,如塑料、玻璃、沥青等。

晶体与非晶体的区别在于:①晶体原子在三维空间呈有规则的周期性重复排列如图 2-1 所示;非晶体原子在三维空间呈不规则的排列。②晶体具有固定的熔点,如铁的熔点为 1538℃,铜的熔点为 1083℃;非晶体没有固定熔点,随着温度的升高将逐渐变软,最终变为有明显流动性的液体。③单晶体具有各向异性,即晶体各个方向上的性能不同,如铁单晶体的弹性模量,某个方向是 2.9×10^5 MPa,而另一个方向上只有 1.35×10^5 MPa;非晶体具有各向同性,即各个方向上的原子聚集密度大致相同。

二、晶体结构的基本知识

1. 晶格、晶胞

为了清楚地表明原子在空间的排列规律,人为地将原子看作一个点,再用一些假想线条,将晶体中各原子的中心连接起来,便形成了一个空间格子,这种抽象的、用于描述原子在晶体中规则排列方式的空间几何图形称为结晶格子,简称晶格,如图 2-2 所示。晶格中的每个的点称为结点。

晶体中原子的排列具有周期性变化的特点,因此只要在晶格中选取一个能够完全反映晶格特征的最小的几何单元进行分析,便能确定原子排列的规律。组成晶格的最基本几何单元称为晶胞,如图 2-2 所示。实际上整个晶格就是由许多大小、形状和位向相同的晶胞在空间重复堆积而成的。

2. 晶格常数

在结晶学中,表征晶胞的几何形状和大小的参数有 6 个:晶胞的各棱边长为 a,b,c,棱边夹角 α,β,γ。其中棱边边长称为晶格常数,如图 2-3 所示。当晶格常数 $a=b=c$,棱边夹角 $\alpha=\beta=\gamma=90°$ 时,这种晶胞称为简单立方晶胞。

 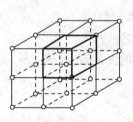 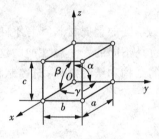

图 2-1 晶体中原子排列模型　　图 2-2 晶格与晶胞　　图 2-3 晶胞及晶格参数

根据晶体晶格形式和晶格常数不同,法国科学家布拉菲将晶体划分为 7 大晶系,共 14 种空间点阵,见图 2-4 及表 2-1。

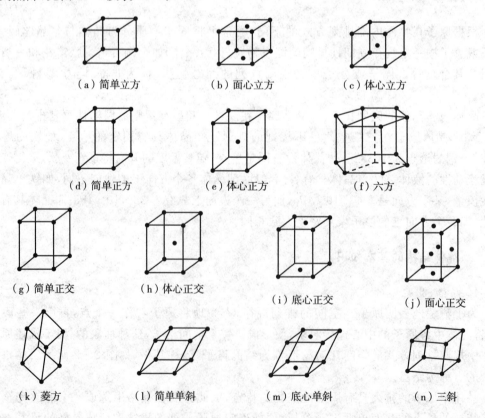

（a）简单立方　　（b）面心立方　　（c）体心立方

（d）简单正方　　（e）体心正方　　（f）六方

（g）简单正交　　（h）体心正交　　（i）底心正交　　（j）面心正交

（k）菱方　　（l）简单单斜　　（m）底心单斜　　（n）三斜

图 2-4 14 种晶胞示意图

表 2 - 1　7 大晶系和 14 种点阵

晶　　系	空间点阵	棱边长度及夹角关系
立方晶系	简单立方 体心立方 面心立方	$a=b=c,\alpha=\beta=\gamma=90°$
正方(四角)晶系	简单正方 体心正方	$a=b\neq c,\alpha=\beta=\gamma=90°$
菱方(三方)晶系	简单菱方	$a=b=c,\alpha=\beta=\gamma\neq90°$
六方(六角)晶系	简单正方	$a_1=a_2=a_3\neq c,\alpha=\beta=90°,\gamma=120°$
正交(斜方)晶系	简单正交 底心正交 体心正交 面心正交	$a\neq b\neq c,\alpha=\beta=\gamma=90°$
单斜晶系	简单单斜 底心单斜	$a\neq b\neq c,\alpha=\gamma=90°,\beta\neq90°$
三斜晶系	简单三斜	$a\neq b\neq c,\alpha\neq\beta\neq\gamma,\alpha=90°,\beta\neq90°,\gamma\neq90°$

三、常见金属的晶格类型

金属的晶体结构有很多种,其中最常见的晶体结构有体心立方晶格、面心立方晶格、密排六方晶格。

1. 体心立方晶格

体心立方晶格的晶胞是一个立方体,原子分布在立方体的八个顶角上和体心处,如图 2-5 所示。属于体心立方晶格类型的金属有 $\alpha-Fe$(912℃以下的钝铁)、铬、钼、钨等。

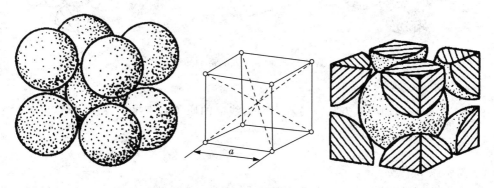

图 2-5　体心立方晶格的晶胞

① 原子半径 r

由图 2-7 可知,体心立方晶胞沿着体对角线上的原子紧密排列,故可计算出其原子半径 $r=\dfrac{\sqrt{3}}{4}a$。

② 晶胞原子个数 n

因为顶角上的原子为相邻 8 个晶胞所共有,故每个晶胞占八分之一,只有立方体中心的原子才完全属于该晶胞。故每个体心立方晶胞所包含的原子个数 $n=8\times\dfrac{1}{8}+1=2$。

③ 致密度

致密度是指晶格中晶胞中原子所占有的体积与晶胞体积(V)之比,用符号 K 表示。

$$K=n\times\frac{\frac{4}{3}\pi r^3}{V}=2\times\frac{\frac{4}{3}\pi\left(\frac{\sqrt{3}}{4}a\right)^3}{a^3}=0.68$$

④ 配位数

配位数指的是晶格中与任一原子最近邻,且等距离的原子数数目。配位数越大,表示这种结构中原子排列的紧密程度越大。体心立方晶格中每个原子最近邻的原子数为 8 个,故配位数为 8。如图 2-6 所示。

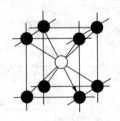

图 2-6　配位数图

2. 面心立方晶格

面心立方晶格晶胞也是一个立方体,原子分布在立方体的八个顶角上和各面面心,如图 2-7 所示。属于面心立方晶格类型的金属有 γ-Fe(912~1394℃的钝铁)、铝、铜、银等。

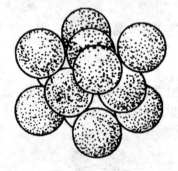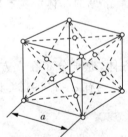

图 2-7　面心立方晶格的晶胞

① 原子半径 r

由图 2-7 可知,面心立方晶胞沿着面对角线上的原子紧密排列,故可计算出其原子半径 $r=\dfrac{\sqrt{2}}{4}a$。

② 晶胞原子个数

因为顶角上的原子为相邻 8 个晶胞所共有,故每个晶胞占 1/8,立方体面心的原子为相邻 2 个晶胞所共有,故每个晶胞占 1/2。故每个体心立方晶胞所包含的原子个数 $n=8\times\dfrac{1}{8}+6\times\dfrac{1}{2}=4$。

③ 致密度

$$K = n \times \frac{\frac{4}{3}\pi r^3}{V} = 2 \times \frac{\frac{4}{3}\pi\left(\frac{\sqrt{2}}{4}a\right)^3}{a^3} = 0.74$$

可见，面心立方结构的致密度大于体心立方结构。例如面心立方结构的 γ-Fe 转变为体心立方结构的 α-Fe 时会发生体积膨胀。若原子直径不发生变化，由理论计算知，应产生 9% 的体积膨胀。但试验测得，实际只有 0.8% 的体积膨胀。这只有一种可能，就是原子直径变小了。

④ 配位数

由图 2-8 可知，面心立方晶格中与任一原子最近邻的原子数为 12 个，故配位数为 12。

3. 密排六方晶格

密排六方晶格的晶胞是在正六方柱体的 12 个结点和上、下两底面的中心处各排列 1 个原子，另外，中间还有 3 个原子，如图 2-9 所示。该晶胞要用两个晶格常数表示，一个是六边形的边长 a，另一个是柱体的高度 c。当轴比 c/a 为 1.633 时，原子排列最紧密。属于这种晶格类型的金属有镁、锌、镉、铍等。

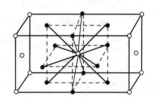

图 2-8　配位数图

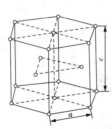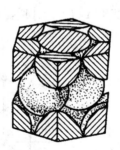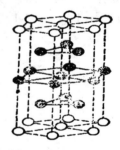

图 2-9　密排六方晶格的晶胞

① 原子半径：$r = \frac{1}{2}a$

② 晶胞原子个数

密排六方晶胞每个结点上的原子为相邻的 6 个晶胞所共有，上、下底面中心的原子为两个密排六方晶胞所共有，晶胞中间的三个原子为该晶胞所独有，故密排六方晶胞中的原子数 $n = 12 \times \frac{1}{6} + 2 \times \frac{1}{2} + 3 = 6(个)$。

③ 致密度：0.74

④ 配位数：12

四、立方晶系的晶面、晶向指数

在晶格中由一系列原子组成的平面称为晶面，而各个方向上的原子列叫晶向。

不同的晶面和晶向具有不同的原子排列和不同的取向。材料的许多性质和行为(如各种物理性质、力学行为、相变、X光和电子衍射特性等)都和晶面、晶向有密切的关系。为了便于确定和区别晶体中不同方位的晶向和晶面,国际上通用密勒(Miller)指数来统一标定晶向指数与晶面指数。晶向指数描述原子在空间的排列方向,晶面指数描述原子构成的平面方向。

1. 晶向指数的确定

用三指数表示晶向指数[uvw],步骤如下所示。

(1)建立以晶胞的边长作为单位长度的右旋坐标系。

(2)定出该晶向上任两点的坐标 $A(x_1,y_1,z_1)$ 和 $B(x_2,y_2,z_2)$。

(3)用末点坐标减去始点坐标(x_1-x_2),(y_1-y_2),(z_1-z_2)。

(4)将相减后所得结果化成最小整数比 $u:v:w$。

(5)放在方括号中,不加逗号,负号记在上方,如[uvw]。

显然,晶向指数表示了所有相互平行、方向一致的晶向。若所指的方向相反,则晶向指数的数字相同,但符号相反,如图 2-9 中[010]与[0$\bar{1}$0]方向相反。

晶体中原子排列情况相同但空间位向不同的一组晶向称为晶向族,用<uvw>表示。数字相同,但排列顺序不同或正负号不同的晶向属于同一晶向族。如[100],[010],[001]以及方向与之相反的[$\bar{1}$00],[0$\bar{1}$0],[00$\bar{1}$]共六个晶向上的原子排列完全相同,只是空间位向不同,属于同一晶向族,用<100>表示,如图 2-10 所示。晶向族<111>包括[111],[$\bar{1}$11],[1$\bar{1}$1],[11$\bar{1}$]以及[$\bar{1}\bar{1}\bar{1}$],[1$\bar{1}\bar{1}$],[$\bar{1}$1$\bar{1}$],[$\bar{1}\bar{1}$1]八个不同晶向。

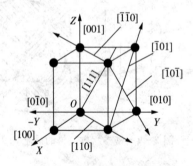

图 2-10　立方晶格中的晶向及指数

2. 晶面指数的确定

晶面指数其确定方法如下。

(1)以晶胞的三条互相垂直的棱边作为参考坐标轴 X,Y,Z,注意坐标原点 O 应位于待定晶面之外,以免出现零截距。

(2)求出待标晶面在三个坐标轴上的截距。如该晶面与某轴平行,则截距为∞。

(3)取各截距的倒数,将这些倒数化成最小的简单整数比 $h:k:l$,将 h,k,l 置于圆括号内,写成(hkl),则(hkl)就是待标晶面的晶面指数。如果晶面在坐标轴上的截距为负值,则在相应指数上方加注横线,如($\bar{h}kl$)。

现以图 2-10 中的晶面为例予以说明。该晶面在 X,Y,Z 坐标轴上的截距分别为 1,1,

∞,取其倒数为 1,1,0,故其晶面指数为(110),如图 2-11 所示。

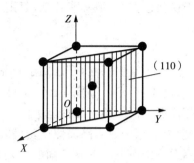

图 2-11 晶面指数表示法

与晶向指数相似,某一晶面指数所代表的不仅是某一晶面,而是代表着一组相互平行的晶面,即所有相互平行的晶面都具有相同的晶面指数。当两个晶面指数相同或数字相同而正负号相反时,这两个晶面相互平行,如(010)与(0$\bar{1}$0)平行。

与晶向族类似,晶体中还存在许多原子排列和晶面间距完全相同,空间位向不同的各组晶面集合,称为晶面族,用$\{hkl\}$表示。如晶面族$\{100\}$应包括(100),(010),(001),如图2-12所示;$\{110\}$应包括(110),(101),(011),($\bar{1}$10),($\bar{1}$01),(0$\bar{1}$1),如图 2-13 所示。

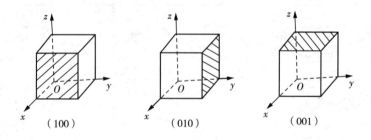

图 2-12 $\{100\}$晶面族

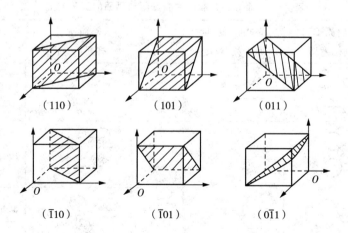

图 2-13 $\{110\}$晶面族

关于晶面指数和晶向指数的确定方法需要注意：参考坐标系通常都是右手坐标系。坐标系可以平移（因而原点可置于任何位置）。但不能转动，否则，在不同坐标系下定出的指数就无法相互比较。

3. 晶体的各向异性

如前所述，各向异性是晶体的一个重要特性，是区别于非晶体的一个重要标志。由于晶体在不同晶面和晶向上的原子密度不同以及不同晶面的面间距不相同，所以不同方向上的原子之间的结合力不同，因而晶体在不同方向上的性能不同。

晶向原子密度就是单位长度上的原子数。晶面原子密度就是单位面积上的原子数。在各种晶格中，不同晶面和不同晶向上的原子密度是不同的。表 2-2 和表 2-3 所列为体心立方晶格和面心立方晶格主要晶面和主要晶向的原子密度。

表 2-2 体心立方晶格主要晶向和晶面的原子密度

晶面指数	晶面示意图	晶面密度（原子数/面积）	晶向指数	晶向密度（原子数/长度）
{100}		$\dfrac{\frac{1}{4}\times 4}{a^2}=\dfrac{1}{a^2}$	<100>	$\dfrac{\frac{1}{2}\times 2}{a}=\dfrac{1}{a}$
{110}		$\dfrac{\frac{1}{4}\times 4+1}{\sqrt{2}\,a^2}=\dfrac{1.4}{a^2}$	<110>	$\dfrac{\frac{1}{2}\times 2}{\sqrt{2}}=\dfrac{0.7}{a}$
{111}		$\dfrac{\frac{1}{6}\times 3}{\frac{\sqrt{3}}{2}a^2}=\dfrac{0.58}{a^2}$	<111>	$\dfrac{\frac{1}{2}\times 2+1}{\sqrt{3}\,a}=\dfrac{1.16}{a}$

表 2-3 面心立方晶格主要晶向和晶面的原子密度

晶向指数	晶向原子排列示意图	晶向原子密度（原子数/长度）	晶面指数	晶面原子排列示意图	晶面原子密度（原子数/面积）
<100>		$\dfrac{2\times\frac{1}{2}}{a}=\dfrac{1}{a}$	{100}		$\dfrac{4\times\frac{1}{4}+1}{a^2}=\dfrac{2}{a^2}$
<110>		$\dfrac{2\times\frac{1}{2}+1}{\sqrt{2}\,a}=\dfrac{1.4}{a}$	{110}		$\dfrac{4\times\frac{1}{4}+2\times\frac{1}{2}}{\sqrt{2}\,a^2}=\dfrac{1.4}{a^2}$
<111>		$\dfrac{2\times\frac{1}{2}}{\sqrt{3}\,a}=\dfrac{0.58}{a}$	{111}		$\dfrac{3\times\frac{1}{6}+3\times\frac{1}{2}}{\frac{\sqrt{3}}{2}a^2}=\dfrac{2.3}{a^2}$

由表 2-2 及表 2-3 可知,在体心立方晶格中,具有最大原子密度的晶面为 {110},具有最大原子密度的晶向为 <111>。在面心立方晶格中,具有最大原子密度的晶面为 {111},具有最大原子密度的晶向为 <110>。例如具有体心立方晶格的 α-Fe 在 <111> 方向上的弹性模量为 2.90×10^5 MPa,在 <100> 方向上弹性模量为 1.35×10^5 MPa,前者是后者的两倍多。

在工业金属材料中,通常见不到这种各向异性的特征,这是因为,一般固态金属哪怕是很小的一块金属也包含这许许多多位向不同的小晶体,这种结构称为多晶体。每个小晶体的内部晶格位向都是均匀一致的,外形多为不规则的颗粒状故叫作晶粒,晶粒与晶粒之间的界面叫晶界,如图 2-14 所示。一个晶粒的各向异性在许多位向不同的晶粒之间相互抵消和补充,故实际金属呈现出各向同性。例如,工业纯铁的弹性模量 E 在任何方向上测定大致都为 2.5×10^5 MPa。把一块晶体的内部的晶格位向完全一致的晶体称为单晶体。少数金属以单晶体形式使用,例如,单晶铜由于伸长率高、电阻率低和极高的信号传输性能,可作为生产集成电路、微型电子器件及高保真音响设备所需的高性能材料。

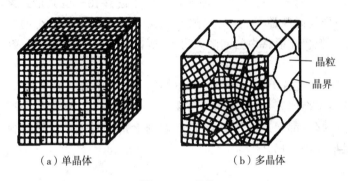

（a）单晶体　　　　　　　　（b）多晶体

图 2-14　晶体

第二节　实际金属的晶体缺陷

在讨论晶体结构时,人们认为质点在三维空间的排列遵循严格的周期性,这是一种仅在绝对零度才可能出现的理想状况。通常把这种质点严格按照空间点阵排列的晶体称为理想晶体。把实际晶体中原子排列与理想晶体的差别称为晶体缺陷。晶体缺陷对金属性能有着重要影响,这些缺陷按几何特点分为点缺陷、线缺陷和面缺陷三大类。

1. 点缺陷

点缺陷是指在三维空间尺寸很小,不超过几个原子直径的缺陷,也称为零维缺陷,主要有空位、间隙原子、置换原子三种形式,如图 2-15 所示。

（1）空位

晶格中某个原子脱离了平衡位置形成的空结点称为空位,如图 2-15 所示。空位是一种热平衡缺陷。原子在平衡位置做热振动。温度越高振幅越大。在某瞬间,一些原子的能量可能高些,当能量高到能克服周围原子对它的束缚时就会离开平衡位置迁移到别处,于是就产生了空位。形成空位后,其周围的原子便靠拢,这就在空位的周围出现一个涉及几个原子间距范围的弹性畸变区,简称为晶格畸变。

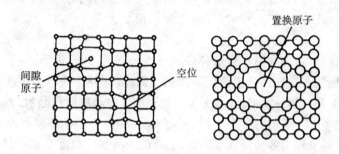

图 2-15 晶体中的各种点缺陷

（2）间隙原子

处于晶格间隙之中的原子称为间隙原子。材料中总存在一些其他元素的杂质,它们形成的间隙原子称为异类间隙原子,异类间隙原子大多是原子半径很小的原子,如 C,H,N。尽管原子半径很小,但仍比晶格中的间隙大得多,所以造成的晶格畸变远较空位严重。

（3）置换原子

占据基体原子平衡位置上的异类原子称置换原子。由于置换原子的大小与基体原子不同,使临近原子偏离平衡位置,也造成晶格畸变。

不管是哪类点缺陷,都会造成晶格畸变,这将对金属的性能产生影响,使晶体屈服强度升高、硬度和电阻增加等变化。

2. 线缺陷

线缺陷指二维尺度很小而第三维尺度很大的缺陷,也称一维缺陷,集中表现形式是位错,由晶体中原子平面的错动引起。所谓位错是指晶体中某处有一列原子或若干列原子发生有规律的错排现象。位错从几何结构讲可分为两种:刃型位错和螺型位错。其中常见的为刃型位错。

晶体中某一列或若干列原子发生了刀刃型有规律的错排的现象。晶体中一部分相对于另一部分多了一个额外的半原子面,这个半原子面就像一刀片一样插入到晶体中,在刃口线附近形成缺陷,称为刃型位错,刀刃的刃口线为位错线。如图 2-16(a) 所示,在晶体的 $ABCD$ 面以上,多余的半原子面 $EFGH$ 像刀片一样插入晶体内部,EF 为位错线。在位错线附近,由于原子的错排使晶格发生了畸变。

通常把在晶体上半部分多出原子面的位错称为正刃型位错,用符号"⊥"表示,在晶体下半部分多出原子面的位错称为负刃型位错,用符号"⊤"表示,如图 2-16(b) 所示。

晶体中位错的数量即单位面积中位错线的根数,用位错密度来表示。图 2-17 所示为位错密度与屈服强度的关系。没有缺陷的晶体强度很高,但这样理想的晶体很难得到。少量位错的存在使晶体强度降低,但当产生大量位错后,强度反而提高,生产中可通过增加位错的办法对金属进行强化,但金属塑性有所降低。

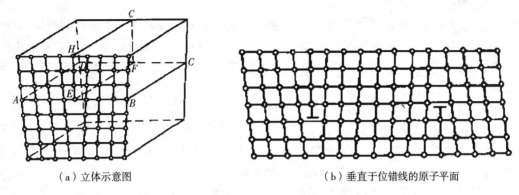

（a）立体示意图　　　　　　　　　　（b）垂直于位错线的原子平面

图 2-16　刃型位错示意图

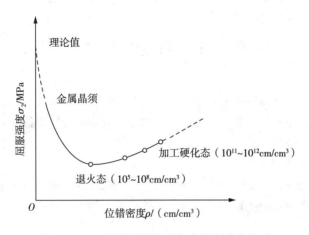

图 2-17　金属的屈服强度与位错密度的关系

3. 面缺陷

面缺陷是指二维尺度很大而第三维尺度很小的缺陷。面缺陷的种类繁多,金属晶体中的面缺陷主要有两种:晶界和亚晶界,如图 2-18 所示。

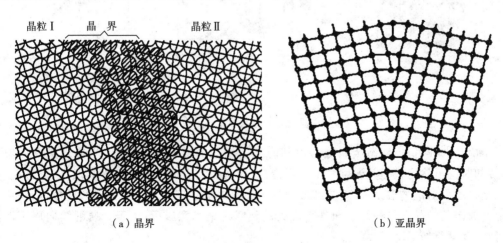

（a）晶界　　　　　　　　　　　　（b）亚晶界

图 2-18　晶界和亚晶界示意图

（1）晶界

晶界是晶粒与晶粒之间的界面，晶界处的原子需要同时适应相邻两个晶粒的位向，就必须从一种晶粒位向逐步过渡到另一种晶粒位向，成为不同晶粒之间的过渡层，因而晶界上的原子多处于无规则状态。常温下晶界强度和硬度较高，晶界易被腐蚀；晶界的熔点较低，晶界处原子扩散速度快。

（2）亚晶界

晶粒内部也不是理想晶体，而是由位向差很小的称为嵌镶块的小块所组成，称为亚晶粒，亚晶粒的交界称为亚晶界。晶粒之间位向差较大（大于 $10° \sim 15°$）的晶界，称为大角度晶界；亚晶粒之间位向差较小。亚晶界是小角度晶界。

面缺陷同样使晶格产生畸变，能提高金属材料的强度。细化晶粒可增加晶界的数量，是强化金属的有效手段，同时，细晶粒的金属塑性和韧性也得到改善。

第三节　纯金属的结晶

物质由液态到固态的转变过程称作凝固。如果液态转变为结晶态固体，这个过程又叫结晶。金属的凝固过程大部分是结晶过程，了解金属结晶过程，掌握其规律，对控制铸件质量，提高制品性能有重要意义。

1. 冷却曲线与过冷现象

利用热分析法，如图 2-19(a)所示，将纯金属加热到熔化状态后非常缓慢地冷却，记录下金属的冷却温度 T 和时间 t 的变化关系，绘制成两者的关系曲线，即冷却曲线，如图 2-19(b)所示。

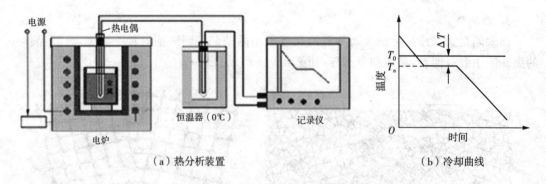

（a）热分析装置　　　　　　　　　（b）冷却曲线

图 2-19　热分析装置及纯金属的冷却曲线

由冷却曲线可见，液态金属随着冷却时间的增长温度不断下降，但当冷却到某一温度时，冷却时间虽然增长但其温度并不下降，在冷却曲线上出现了一个水平线段，实验证明，这个水平线段所对应的温度 T_n 就是纯金属进行结晶时的温度。出现水平线段的原因，是由于结晶时放出的结晶潜热补偿了向外界散失的热量。结晶完成后，由于金属继续向周围散热量，故温度又重新下降。

图中 T_0 称为金属的理论结晶温度，它是金属在无限缓慢冷却条件下（即平衡条件下）所测得的结晶温度。但在实际生产中，金属由液态结晶为固态时冷却速度都是相当快的，金属总是要在理论结晶温度 T_0 以下的某一温度 T_n 才开始进行结晶，温度 T_n 称为实际结晶温度。通常把实际结晶温度 T_n 低于理论结晶温度 T_0 的现象称为过冷现象。而 T_0 与 T_n 之差 ΔT 称为过冷度，即 $\Delta T = T_0 - T_n$。过冷度并不是一个恒定值，液体金属的冷却速度越大，实际结晶的温度 T_n 就越低，即过冷度 ΔT 就越大。实际金属总是在过冷情况下进行结晶的，所以过冷是金属结晶的一个必要条件。

2. 结晶条件

纯金属的结晶并非在任何情况下都能自发进行，它受热力学条件和结构条件的制约。

（1）热力学条件

热力学第二定律指出：在等温等压条件下，物质系统总是自发地从自由能较高的状态向自由能较低的状态转变。这就说明，对于结晶过程而言，结晶能否发生，取决于固相的自由能是否低于液相自由能。

纯晶体的液、固两相的自由能随温度变化规律如图 2-20 所示。液态金属的自由能随温度上升而减小的速度比固态金属更快，两条斜率不同的曲线相交于一点，该点表示液、固两相的自由能相等，故两相处于平衡而共存，此温度即为理论凝固温度，也就是晶体的熔点 T_0。事实上，在此两相共存温度，既不能完全结晶，又不能完全熔化。只有 $T < T_0$ 时，才有 $G_s < G_l$，结晶才有驱动力，即结晶必在过冷条件下才能发生。过冷度越大，G_s 与 G_l 的差值越大，即结晶驱动力越大，故结晶的倾向也越大。

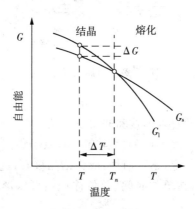

图 2-20　固、液态金属自由能-温度曲线

（2）结构条件

固态金属中的原子是按长程有序的规则排列的。研究表明，当固态金属熔化为液态金属后，原子长程有序的规则排列的结构虽从整体上受到破坏，在液体中的微小范围内，存在着紧密接触规则排列的原子集团，称为短程有序。应当指出，液态金属中近程规则排列的原子集团并不是固定不动和一成不变的，而是处于不断的变化之中，如图 2-21 所示。金属结晶指的就是使短程有序排列的液态金属转变成为具有长程有序排列的固态金属，所以，在一定的条件下短程有序排列的原子集团有可能成为结晶的核心。因此，液态金属内部极小范围内瞬时呈现的短程有序原子集团，就是金属结晶所需的结构条件。

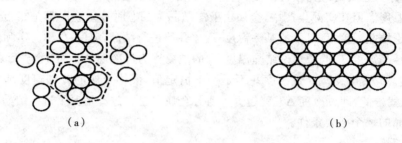

（a）   （b）

图 2-21   金属液态与固态原子排列

3. 结晶过程

在理论结晶温度以下，虽然满足金属结晶的热力学条件，但并非瞬间全部转变成固体，而是要经历一个形核及长大的过程，这是结晶的普遍规律，如图 2-22 所示。当液态金属缓慢地冷却到结晶温度以后，经过一定时间，开始出现第一批晶核。随着时间推移，已形成的晶核不断长大，同时，在液态中又会不断形成新的晶核并逐渐长大，直到液体全部消失为止，小晶核长大成一个个外形不规则的小晶体（晶粒）并彼此相遇为止。

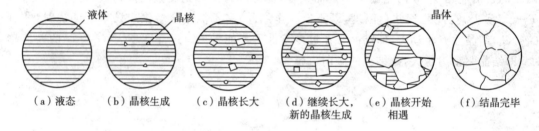

（a）液态   （b）晶核生成   （c）晶核长大   （d）继续长大，   （e）晶核开始   （f）结晶完毕
                                              新的晶核生成   相遇

图 2-22   金属结晶过程

（1）晶核的生成

晶核的生成有两种方式，即自发形核和非自发形核。

在液态金属中，存在大量尺寸不同的短程有序的原子集团。当温度降到结晶温度以下时，短程有序的原子集团变得稳定，不再消失，成为结晶核心，这个过程叫自发形核。当冷却速度越大，实际结晶温度越低，在单位时间、单位体积内可以形成结晶核心的短程有序原子集团越多，即形核率 N 越大。

液态金属中往往存在某些固态悬浮微粒，在一定的过冷度下，液态的熔融原子依附在这些微粒表面形核，这一过程称为非自发形核。固态微粒与液态金属结晶核心的晶格类型和晶格常数越接近，固态微粒越易于起到非自发形核的作用。

研究表明，自发形核和非自发形核是同时存在的，但非自发形核一般起到优先与主导作用。

（2）晶核的长大

在晶核形成之后，液相中的原子或原子集团通过扩散，不断地依附于晶核表面上，使得晶核半径增大，这个过程称为晶核长大。在长大的初期，晶核可以长大成很小的、形状规则的晶体。在晶体继续长大的过程中，晶体的棱角逐渐形成。由于棱角尖端处散热条件优于其他部位,因而在此处晶体得以优先生长,其生长方式与树枝的生长方式一样,先形成"树干",称为一次晶轴。然后再形成"分枝",此为二次晶轴。随着时间的推移,又可形成三次晶轴以至多次晶轴,直至液体全部消失。最后形成犹如树枝状的晶体,称为树枝晶,如图 2-23 所示。

  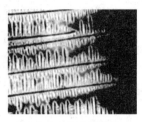

（a）棱角形成　　　（b）棱角尖端优先生长　　　　（c）长成枝晶　　　　　（d）金属的树枝晶

图 2-23　树枝晶晶体长大示意图与金属的树枝晶

实际金属的铸态组织多为树枝状结构,在结晶过程中,如果得不到金属液的补充,金属最后凝固的树枝晶之间的间隙不能被填满,将形成缩孔和缩松等缺陷。

4. 晶粒大小与控制措施

纯金属结晶结束就得到由许多个外形不规则的晶粒所组成的多晶体。一般金属结晶后多获得这种多晶体的结构。如果控制结晶过程,使结晶后获得只有一个晶粒的金属,称为单晶体,但获得单晶体比较困难,只有当材料有特殊要求时才值得这样做。

晶粒大小可用单位体积内晶粒的数目来表示,数目越多,晶粒越小。为了测量方便,常以单位面积的晶粒数目或以晶粒的平均直径表示。晶粒大小对力学性能的影响很大,在室温下,一般情况是金属的晶粒越细,其强度、硬度越高;塑性、韧性越好,这种现象称为细晶强化。因此,细化晶粒是改善材料力学性能的重要措施。

晶粒大小取决于形核率 N 及晶核的长大速率 G。N 为单位时间、单位体积内所产生的晶核数目,G 为单位时间内晶体长大的线长度。金属凝固后,单位体积中的晶粒数目 Z 与形核率成正比,与生长速率 G 成反比,即

$$Z = 0.9(N/G)^{3/4}$$

工业上常用以下方法来细化晶粒:

(1)增加过冷度

随着过冷度的增加,形核率和长大速度都会增加,但形核率增加比长大速度增加要快,如图 2-24 所示,所以产生的晶核数目增加。因此,通过加快冷却速度,即增加过冷度,可使晶粒细化。

(2)变质处理

在金属液中加入变质剂(高熔点的固体微粒),以促进形成大量的非自发晶核的数目,从而细化晶粒,这种方法称变质处理。变质处理在生产中应用广泛,特别对体积大的金属很难获得大的过冷度时,采用变质处理可有效地细化晶粒。铸造生产中,利用此法可得到高强度孕育铸铁。

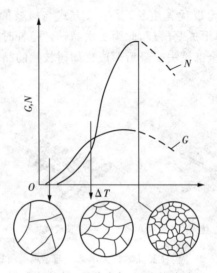

图 2-24 过冷度与 N,G 的关系

（3）附加振动

在金属结晶时，施以机械振动、电磁振动、超声波振动等方法，可使金属在结晶初期形成的晶粒破碎，以增加晶核数目，起到细化晶粒的目的。

习　题

2-1　名词解释

晶体　晶格　晶胞　晶粒　晶界　结晶

2-2　常见纯金属的晶格类型有哪几种？其晶胞特征怎样？

2-3　晶体与非晶体的本质区别是什么？单晶体为何有各向异性，而实际金属却表现为各向同性？

2-4　在立方晶格中，如果晶面指数和晶向指数的数值相同，例如(111)与[111]，(100)与[100]等，问：该晶面与晶向存在着什么关系？

2-5　铜和铁室温下的晶格常数分别为 0.286nm 和 0.3607nm，求 1cm³ 铁和铜中的原子数。

2-6　常见的金属晶体典型结构有哪几种？ α-Fe,γ-Fe,Cu,Al,Ni,Pb,Cr,V,Mo,Mg,Zn,W 各属何种晶体结构？

2-7　实际金属晶体中存在哪些晶体缺陷？对性能有何影响？

2-8　作图表示出立方晶系(123),(012)晶面和[111],[012]晶向。

2-9　写出立方晶系<110>晶向族所包含的所有晶向。

2-10　什么是过冷和过冷度？过冷度与冷却速度有什么关系？

2-11　试述纯金属的结晶过程。

2-12　晶粒大小对力学性能有何影响？请说明生产中控制晶粒大小的方法有哪些。

第三章　二元合金的结构与相图

纯金属在工业上有一定的应用,但通常其强度不高,难以满足许多机器零件和工程结构件对力学性能提出的各种要求;尤其是在特殊环境中服役的零件,有许多特殊的性能要求,如耐热、耐蚀、导磁、低膨胀等,纯金属更无法胜任,因此工业生产中广泛应用的金属材料是合金。合金的组织要比纯金属复杂,为了研究合金组织与性能之间的关系,就必须了解合金中各种组织的形成及变化规律。合金相图正是研究这些规律的有效工具。

第一节　合金中的相

一、合金的基本概念

1. 合金

一种金属元素与另一种或几种其他元素,通过熔化或其他方法结合在一起所形成的具有金属特性的物质叫作合金。其中组成合金的独立的、最基本的单元叫作组元。组元可以是金属、非金属元素或稳定化合物。由两个组元组成的合金称为二元合金,例如工程上常用的铁碳合金、铜镍合金、铝铜合金等。二元以上的合金称多元合金。

2. 相

相是指有相同的结构,相同的物理、化学性能,并与该系统中其余部分有明显界面分开的均匀部分。固态下只有一个相的合金称为单相合金,由两个或两个以上相组成的合金称为多相合金,如图3-1所示。

（a）单相合金　　　　　　（b）两相合金

图3-1　单相合金与两相合金

3. 组织

在显微镜下观察到的组成相的种类、大小、形态和分布称为显微组织,简称组织。相是组成组织的基本物质。金属的组织对金属的机械性能有很大的影响。

二、合金的相结构

固溶体中的相结构主要有固溶体和金属化合物。

1. 固溶体

固态下合金中的组元间相互溶解形成一种在某组元的晶格中含有其他组元原子的新固相称为固溶体。固溶体中晶格保持不变的组元称为溶剂，因此固溶体的晶格与溶剂的晶格相同；其他组元称为溶质。如 C 溶入 $\alpha-Fe$ 中，形成以 $\alpha-Fe$ 为基的固溶体，则该固溶体的晶格与 $\alpha-Fe$ 相同，仍为体心立方结构。固溶体一般用符号 $\alpha,\beta,\gamma,\cdots$ 表示。

(1)固溶体的分类

根据溶质原子在晶格中占据位置的不同，分为置换固溶体和间隙固溶体两类，如图 3-2 所示。

① 置换固溶体　溶质原子占据晶格的正常结点，这些结点上的溶剂原子被溶质原子所替换，当合金中的两组元的原子半径相近时，更易形成这种置换固溶体。有些置换固溶体的溶解度有限，称有限固溶体，但当溶剂与溶质原子的半径相当，并具有相同的晶格类型时，它们可以按任意比例溶解，这种置换固溶体称为无限固溶体。

② 间隙固溶体　溶质原子不占据正常的晶格结点，而是嵌入晶格间隙中，由于溶剂的间隙尺寸和数量有限，所以只有原子半径较小的溶质（如碳、氮、硼等非金属元素）才能溶入溶剂中形成间隙固溶体，且这种固溶体的溶解度有限。

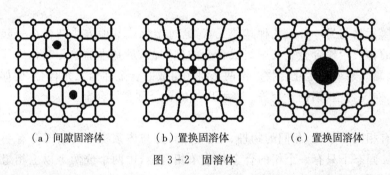

（a）间隙固溶体　　　（b）置换固溶体　　　（c）置换固溶体

图 3-2　固溶体

(2)固溶体的性能

无论形成哪种固溶体，都将破坏原子的规则排列，使晶格发生畸变（如图 3-2 所示），随着溶质原子数量的增加，晶格畸变增大。晶格畸变导致变形抗力增加，使固溶体的强度增加，所以获得固溶体可提高合金的强度、硬度，这种现象称为固溶强化。固溶强化是提高金属材料性能的重要途径之一。

2. 金属化合物

各种元素发生相互作用而形成一种具有金属特性的物质称为金属化合物。金属化合物的组成一般可用化学式表示。金属化合物的晶格类型不同于任一组元，一般具有复杂的晶格结构。其性能特点是熔点高、硬度高、脆性大。当合金中出现金属化合物时，通常能提高合金的硬度和耐磨性，但塑性和韧性会降低。金属化合物是许多合金的重要组成相。

金属化合物的种类较多，其晶格类型有简单的，也有复杂的。根据化合物结构的特点，常分为如下三类。

（1）正常价化合物

指严格遵守化合价规律的化合物。通常由金属与第三、四、五族的非金属或类金属组成，正常价化合物成分固定，可用化学式表示，如图 3-3（a）所示的 Mg_2Si。

（2）电子化合物

电子化合物是由第一族或过渡族元素与第二至第四族元素构成的化合物。它们不遵守化合价规律，但满足一定的电子浓度，虽然电子化合物可用化学式表示，但实际成分可在一定的范围变动，可溶解一定量的固溶体。如图 3-3（b）所示。

（3）间隙化合物

间隙化合物指由过渡族金属元素与碳、氮、氢、硼等原子半径较小的非金属元素形成的金属化合物。根据组成元素原子半径比值及结构特征的不同，可将间隙化合物分为间隙相和具有复杂结构的间隙化合物。当非金属与金属的原子半径比小于 0.59 时，形成具有单晶格的间隙化合物，称为间隙相。当比值大于 0.59 时，形成具有复杂结构的间隙化合物，如 FeB，Fe_3C，$Cr_{23}C_6$［如图 3-3（c）所示］等。

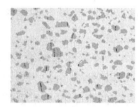  

（a）Al-Mg-Si合金中的Mg_2Si　　（b）Pb基轴承合金中的电子化合物　　（c）高温合金中的$Cr_{23}C_6$

图 3-3　金属化合物

Fe_3C 称渗碳体，是钢中重要组成相，具有复杂斜方晶格，如图 3-4 所示。化合物也可溶入其他元素原子，形成以化合物为基的固溶体。

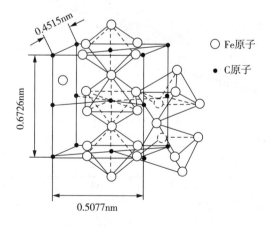

图 3-4　Fe_3C 的晶体结构

3. 合金的组织

合金的组织可以是单相固溶体，但由于其强度不够高，故应用具有局限性；绝大多数合金的组织是固溶体与少量金属化合物组成的混合物。通过调整固溶体中溶质原子的含量,以及控制金属化合物的数量、形态、分布状况,可以改变合金的力学性能,以满足不同的需要。

第二节 二元合金相图

合金中各相数量及其分布规律与合金的成分、结晶过程有直接关系。合金的结晶与纯金属的结晶相比有如下特点:一是合金的结晶过程不一定在恒温下进行,一般是在一个温度范围内完成的;二是合金的结晶不仅会发生晶体结构变化,还会有化学成分变化。合金的这种结晶过程,必须用合金相图进行分析。

合金相图可以表明,在平衡条件(极缓慢冷却或加热)下,各成分合金的结晶过程以及相和组织存在状态与温度、成分的关系。两组元按不同比例可配制成一系列成分的合金,这些合金的集合称为合金系,如铜镍合金系、铁碳合金系等。所谓平衡是指在一定条件下合金系中参与相变过程的各相的成分和相对重量不再变化所达到的一种状态。

在常压下,二元合金的相状态决定于温度和成分两个因素。因此二元合金相图可用温度—成分坐标系的平面图来表示。

图3-5为铜镍二元合金相图,它是一种最简单的基本相图。横坐标表示合金成分(一般为溶质的质量百分数),左右端点分别表示纯组元(纯金属)Cu和Ni,其余的为合金系的每一种合金成分。坐标平面上的任一点(称为表象点)表示一定成分的合金在一定温度时的稳定相状态。例如,A点表示,含30%Ni的铜镍合金在1200℃时处于“液相(L)+α固相”的两相状态;B点表示,含60%Ni的铜镍合金在1000℃时处于单一固相状态。

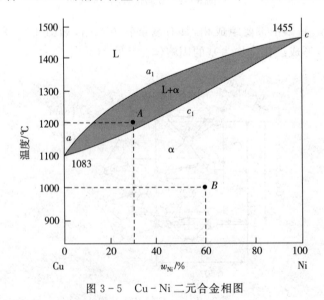

图3-5 Cu-Ni二元合金相图

一、二元合金相图的建立过程

合金发生相变时,必然伴随有物理、化学性能的变化,因此测定合金系中各种成分合金的相变的温度,可以确定不同相存在的温度和成分界限,从而建立相图。常用的方法有热分析法、膨胀法、射线分析法等。下面以铜镍合金系为例,简单介绍用热分析法建立相图的过程。

(1)配制系列成分的铜镍合金。例如,合金Ⅰ:100%Cu;合金Ⅱ:75%Cu+25%Ni;合金Ⅲ:50%Cu+50%Ni;合金Ⅳ:25%Cu+75%Ni;合金Ⅴ:100%Ni。

(2)合金熔化后缓慢冷却,测出每种合金的冷却曲线,找出各冷却曲线上的临界点(转折点或平台)的温度。

(3)画出温度—成分坐标系,在各合金成分垂线上标出临界点温度。

(4)将具有相同意义的点连接成线,标明各区域内所存在的相,即得到 Cu - Ni 合金相图。Cu - Ni 合金相图(图 3 - 6)比较简单,实际上多数合金的相图很复杂。但是,任何复杂的相图都是由一些简单的基本相图组成的。

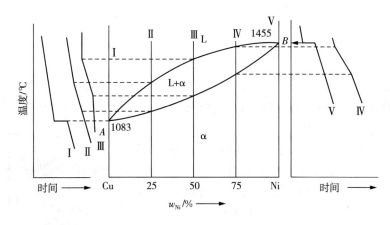

图 3 - 6 Cu - Ni 合金冷却曲线及相图建立

二、二元合金相图分类

为了应用相图来分析、控制合金的结晶过程,了解合金的相及组织变化规律,下面对几类基本的二元合金相图进行讨论。

1. 二元匀晶相图

两组元在液态无限互溶,在固态也无限互溶,冷却时发生匀晶反应的合金系,称为匀晶系并构成匀晶相图。例如 Cu - Ni 合金相图、Au - Ag 合金相图等。现以 Cu - Ni 合金相图(图 3 - 5)为例,对匀晶相图及其合金的结晶过程进行分析。

(1)相图分析

图中向上凸曲线为液相线,该线以上合金处于液相;向下凹曲线线为固相线,该线以下合金处于固相。L 为液相,是 Cu 和 Ni 形成的液溶体;α 为固相,是 Cu 和 Ni 组成的无限固溶体。图中有两个单相区:液相线以上的 L 相区和固相线以下的相区。图中还有一个两相区:液相线和固相线之间的 L+α 相区。

(2)合金的结晶过程

以 x_0 点成分的 Cu - Ni 合金(Ni 含量为 x_0%)为例分析结晶过程。该合金的冷却曲线和结晶过程如图 3-7 所示。首先利用相图画出该成分合金的冷却曲线,在 1 点温度以上,合金为液相 L。缓慢冷却至 1—2 温度之间时,合金发生匀晶反应,从液相中逐渐结晶出 α 固溶体。2 点温度以下,合金全部结晶为固溶体。其他成合金的结晶过程也完全类似。

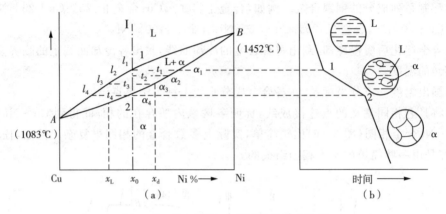

图 3-7 Cu-Ni 合金相图结晶过程分析

由此可知,固溶体结晶时成分是变化的(L 相沿 $l_1 l_2$ 线变化,α 相沿 $α_1 α_2$ 线变化),缓慢冷却时由于原子的扩散充分进行,形成的是成分均匀的固溶体。如果冷却较快,原子扩散不能充分进行,则形成成分不均匀的固溶体。先结晶的树枝晶轴含高熔点组元(Ni)较多,后结晶的树枝晶枝干含低熔点组元(Cu)较多。结果造成在一个晶粒之内化学成分的分布不均。这种现象称为枝晶偏析(图 3-8)。枝晶偏析对材料的机械性能、抗腐蚀性能、工艺性能都不利。生产上为了消除其影响,常把合金加热到高温(低于固相线 100℃ 左右),并进行长时间保温,使原子充分扩散,获得成分均匀的固溶体。这种处理称为扩散退火。

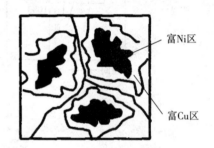

图 3-8 枝晶偏析示意图

(3)杠杆定律及其应用

在合金的结晶过程中,合金中各个相的成分及其相对量都在不断地变化。不同条件下各相的成分及其相对量,可通过杠杆定律求得。处于两相区的合金,不仅由相图可知道两平衡相的成分,还可用杠杆定律求出两平衡相的相对重量。

现以 Cu-Ni 合金为例推导杠杆定律(图 3-9):

① 确定两平衡相的成分:设合金成分为 x,过 x 作成分垂线。在成分垂线相当于温度 t 的 o 点作水平线,其与液固相线交点 a,b 所对应的成分 x_1,x_2 即分别为液相和固相的成分。

② 确定两平衡相的相对重量:设合金的重量为 1,液相重量为 w_L,固相重量为 $w_α$,则

$$w_L + w_α = 1$$

$$w_L x_1 + w_α x_2 = x$$

解方程组得

$$w_L - \frac{x_2 - x}{x_2 - x_1}$$

$$w_\alpha = \frac{x - x_1}{x_2 - x_1}$$

将分子和分母都换成相图中的线段,并将 w_L 和 w_α 改成质量百分数的形式,则

$$w_{L=} x x_2 (ob) / x_1 x_2 (ab) \times 100\%$$

$$w_\alpha = x_1 x (ao) / x_1 x_2 (ab) \times 100\%$$

两相相对质量之比为:

$$w_L / w_\alpha = x x_2 / x_1 x$$

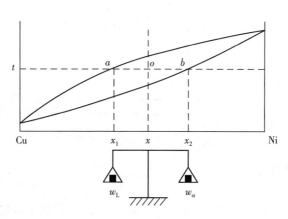

图 3-9　杠杆定律证明

由图 3-9 可以看出,以上所求得的两平衡相相对质量之间的关系与力学中的杠杆定律颇为相似,因此称为"杠杆定律"。必须指出,杠杆定律只适用于相图中的两相区,即只能在两相平衡状态下使用。

2. 二元共晶相图

两组元在液态无限互溶,在固态有限互溶,冷却时发生共晶反应相图称为二元构成共晶相图。例如 Pb-Sn 合金相图、Al-Si 合金相图、Ag-Cu 合金相图等。现以 Pb-Sn 合金相图为例,对共晶相图及其合金的结晶过程进行分析。

(1)相图分析

Pb-Sn 合金相图(图 3-10)中,adb 为液相线,$acdeb$ 为固相线。合金系有三种相:Pb与 Sn 形成的液体 L 相,Sn 溶于 Pb 中的有限固溶体 α 相,Pb 溶于 Sn 中的有限固溶体 β 相。相图中有三个单相区(L、α、β 相区);三个两相区(L+α,L+β,α+β 相区);一条 L+α+β 的三相并存线(水平线 cde)。

相图中 d 点成分的液相在冷却到此点所对应的温度时,共同结晶出 c 点成分的 α 相和 e 点成分的 β 相:$L_d \xrightarrow{\text{恒温}} \alpha_c + \beta_e$。

这种由一种液相在恒温下同时结晶出两种固相的反应叫作共晶反应。所生成的两相混合物(层片相间)叫共晶体。发生共晶反应时有三相共存,它们各自的成分是确定的,反应在

恒温下平衡地进行着。d 点称为共晶点，d 点所对应的温度称为共晶温度，水平线 cde 为共晶反应线，成分在 ce 之间的合金平衡结晶时都会发生共晶反应。成分对应于共晶点的合金称为共晶合金，成分位于共晶点以左、c 点以右的合金称为亚共晶合金，成分位于共晶点以右、e 点以左的合金称为共晶合金。

cf 线为 Sn 在 Pb 中的溶解度线（或 α 相的固溶线）。温度降低，固溶体的溶解度下降。Sn 含量大于 f 点的合金从高温冷却到室温时，从 α 相中析出 β 相以降低其 Sn 含量。从固态 α 相中析出的 β 相称为二次 β，常写作 β_{II}。eg 线为 Pb 在 Sn 中的溶解度线（或 α 相的固溶线）。Sn 含量小于 g 点的合金，冷却过程中同样发生二次结晶，析出二次 α_{II}。

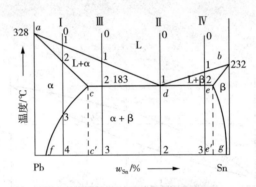

图 3-10　Pb-Sn 合金相图

(2)典型合金的结晶过程

① 合金 I

合金 I 的平衡结晶过程如图 3-11 所示。液态合金冷却到 1 点温度以后，发生匀晶结晶过程，至 2 点温度合金完全结晶成 α 固溶体，随后的冷却（2,3 点间的温度），α 相不变。从 3 点温度开始，由于 Sn 在 α 中的溶解度沿 cf 线降低，从 α 中析出 β_{II}，到室温时 α 中 Sn 含量逐渐变为 f 点。最后合金得到的组织为 $\alpha+\beta_{II}$，合金中 α 和 β_{II} 的相对质量可以用杠杆定律求出：

$$w_{\alpha}=\frac{g-4}{g-f}\times100\%$$

$$w_{\beta_{II}}=\frac{4-f}{g-f}\times100\%$$

合金的室温组织由 α 和 β_{II} 组成，α 和 β_{II} 即为组织组成物。组织组成物是指结晶过程中形成的，具有清晰轮廓、在显微镜下能清楚区别开的组成部分。组织组成物可以是单相，也可以是两相混合物。合金 I 中的组成相为 α 和 β，即为相组成物。相组成物是指显微组织的基本相，它有确切的成分和结构，但没有形态的概念。

② 合金 II

合金 II 为共晶合金，其结晶过程如图 3-12(a)所示。合金从液态冷却到 1 点温度后，发生共晶反应 $L_d \xrightarrow{\text{恒温}} \alpha_c+\beta_e$，共晶反应结束后，合金为 α 和 β 的两相机械混合物，称为共晶体，

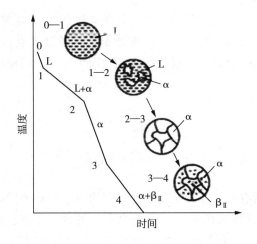

图 3-11　合金 I 的冷却曲线及结晶过程

此时两相的相对量可以用杠杆定律求出。

$$w_\alpha = \frac{e-d}{e-c} \times 100\%$$

$$w_\beta = \frac{d-c}{e-c} \times 100\%$$

共晶转变结束后,共晶体中的 α 和 β 均发生二次结晶,从 α 中析出 β_{II},从中 β 析出 α_{II}。由于 α_{II} 和 β_{II} 相常常与共晶体连在一起且含量较少,显微镜下难以分辨和区别,故可记作 $(\alpha+\beta)_{共晶}$。而其组成相仍为 α 和 β 相。组织组成物的相对质量依杠杆定律变化。

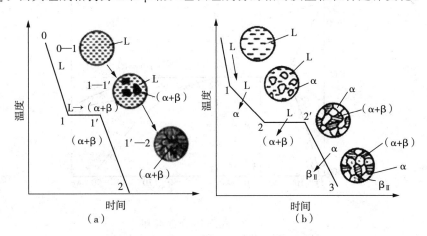

图 3-12　合金 II、III 的冷却曲线及结晶过程

③ 合金 III

合金 III 是亚共晶合金,其结晶过程如图 3-12(b)所示。合金冷却到 1 点温度后,由匀晶反应生成固溶体,此乃初生固溶体。从 1 点到 2 点温度的冷却过程中,按照杠杆定律,初生 α 的成分沿 ac 线变化,液相成分沿 ad 线变化;初生 α 逐渐增多,液相逐渐减少。当钢冷却到 2 点温度时,合金由 c 点成分的初生 α 相和 d 点成分的液相组成。然后剩余液相进行共晶反

应,但初生 α 相不变化。经一定时间到 2 点共晶反应结束时,合金转变为 $(α+β)_{共晶}$。从共晶温度继续往下冷却,初生 α 中不断析出 $β_Ⅱ$,成分由 c 点降至 f 点;此时共晶体如前所述,形态、成分和总量保持不变。合金的室温组织为初生 $α+β_Ⅱ+(α+β)$。合金的组成相为 α 和 β,它们的相对质量为:

$$w_α = \frac{3g}{fg} \times 100\%$$

$$w_β = \frac{f3}{fg} \times 100\%$$

成分在 cd 之间的所有亚共晶合金的结晶过程均与合金 Ⅲ 相同,仅组织组成物和组成相的相对质量不同。成分越靠近共晶点,合金中共晶体的含量越多。位于共晶点右边,成分在 de 之间的合金为过共晶合金(如图 3-9 中的合金 Ⅳ)。它们的结晶过程与亚共晶合金相似,也包括匀晶反应、共晶反应和二次结晶等三个转变阶段;不同之处是初生相为 β 固溶体,二次结晶产物为 $β+α_Ⅱ$。所以室温组织为 $β+α_Ⅱ+(α+β)$。

由于各种成分的合金冷却时所经历的结晶过程不同,组织中所得到的组织组成物及其数量是不相同的。这是决定合金性能最本质的方面。

3. 二元包晶相图

两组元在液态无限互溶,在固态有限互溶,冷却时发生包晶反应的合金系,称为包晶系并构成包晶相图。例如 Ag-Pt 合金相图、Sn-Ag 合金相图、Sb-Sn 合金相图等。现以 Ag-Pt合金相图(图3-13)为例,对包晶相图及其合金的结晶过程进行分析。

(1)相图分析

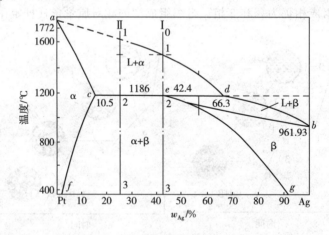

图 3-13 Ag-Pt 合金相图

相图中存在三种相:Pt 与 Ag 形成的 L 相;Ag 溶于 Pt 中的有限固溶体 α 相;Pt 溶于 Ag 中的有限固溶体 β 相,e 点为包晶点。e 点成分的合金冷却到 e 点所对应的温度(包晶温度)时发生以下反应:

$$L_d + α_c \xrightarrow{\text{恒温}} β_e$$

这种由一种液相与一种固相在恒温下相互作用而转变为另一种固相的反应叫作包晶反

应。发生包晶反应时三相共存,它们的成分确定,反应在恒温下平衡地进行。水平线 ced 为包晶反应线。cf 为 Ag 在 α 中的溶解度线,eg 为 Pt 在 β 中的溶解度线。

(2)典型合金的结晶过程

① 合金 I

合金 I 的结晶过程如图 3-14 所示。液态合金冷却到 1 点温度以下时结晶出 α 固溶体,L 相成分沿 ad 线变化,α 相成分沿 ac 线变化。合金钢冷到 2 点温度而尚未发生包晶反应前,由 d 点成分的 L 相与 c 点成分的 α 相组成。此两相在 e 点温度时发生包晶反应,β 相包围 α 相而形成。反应结束后,L 相与 α 相正好全部反应耗尽,形成 e 点成分的 β 固溶体。温度继续下降时,从 β 中析出 $α_{II}$。最后室温组织为 $α_{II}+β$。其组成相和组织组成物的成分和相对重量可根据杠杆定律来确定。

② 合金 II

合金 II 的结晶过程如图 3-15 所示。液态合金冷却到 1 点温度以下时结晶出 α 相,刚至 2 点温度时合金由 d 点成分的 L 相和 c 点成分的 α 相组成,两相在 2 点温度发生包晶反应,生成 β 固溶体。与合金 I 相比较,合金 II 在 t_e 温度时的 α 相的数量相对较多,因此,包晶转变结束后,除了新形成的 β,还有剩余的 α。在随后的冷却过程中,α 和 β 中将分别析出 $β_{II}$ 和 $α_{II}$,所以最终室温组织为 $α+β+α_{II}+β_{II}$。

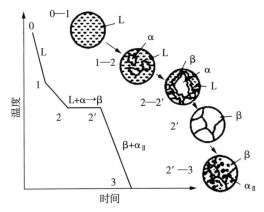

图 3-14 合金 I 结晶过程示意图

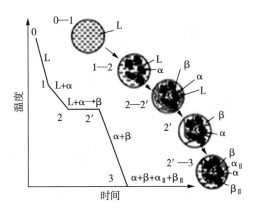

图 3-15 合金 II 结晶过程示意图

4. 二元共析相图

在恒定的温度下,一定成分的固相分解成另外两个与母相成分不同的固相的转变称为共析转变,发生共析转变的相图称为共析相图(图 3-16)。共析反应的形式类似于共晶反应,而区别在于它是由一个固相(γ 相)在恒温下同时析出两个固相(d 点成分的 α 相和 e 点成分的 β 相)。反应式为:

$$γ \xrightarrow{\text{恒温}} α+β$$

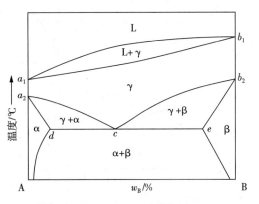

图 3-16 二元共析相图

此两相的混合物称为共析体(层片相间)。各种成分的合金的结晶过程的分析同于共晶相图。但因共析反应是在固态下进行的,所以共析产物比共晶产物要细密得多。

5. 含有稳定化合物的相图

在有些二元合金系中,组元间可能形成稳定化合物。稳定化合物具有一定的化学成分、固定的熔点,且熔化前不分解,也不发生其他化学反应。如图 3－17 为 Si－Mg 相图,稳定化合物在相图中是一条垂线,可以把它看作成一个独立组元而把相图分为两个独立部分。

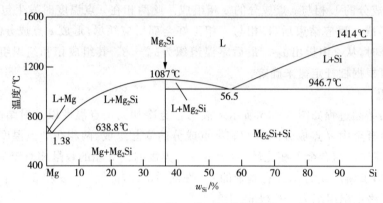

图 3－17　Mg－Si 二元合金相图

三、合金的性能与相图的关系

1. 合金的力学性能和物理性能

相图反映出不同成分合金室温时的组成相和平衡组织,而组成相的本质及其相对含量、分布状况又将影响合金的性能。图 3－18 表明了相图与合金力学性能及物理性能的关系。

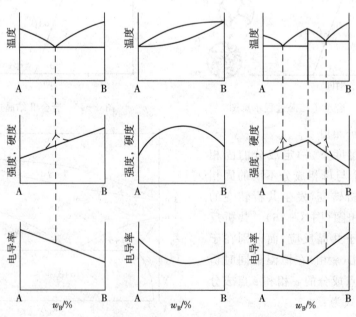

图 3－18　合金的使用性能与相图关系示意图

图形表明,合金组织为两相混合物时,如两相的大小与分布都比较均匀,合金的性能大致是两相性能的算术平均值,即合金的性能与成分成直线关系。此外,当共晶组织十分细密时,强度、硬度会偏离直线关系而出现峰值(如图中虚线所示)。单相固溶体的性能与合金成分成曲线关系,反映出固溶强化的规律。在对应化合物的曲线上则出现奇异点。

2. 合金的铸造性能

图 3-19 表示了合金铸造性能与相图的关系。液相线与固相线间隔越大,流动性越差,越易形成分散的孔洞(称分散缩孔,也称缩松)。共晶合金熔点低,流动性最好,易形成集中缩孔,不易形成分散缩孔。因此铸造合金宜选择共晶或近共晶成分,有利于获得合格铸件。

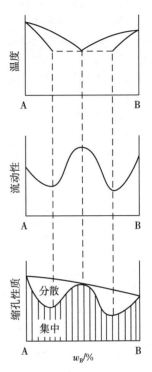

图 3-19 合金的铸造性能与相图关系示意图

3. 相图的局限性

最后应当指出的是,应用相图时存在局限性。首先,相图只给出平衡状态的情况,而平衡状态只有很缓慢冷却和加热,或者在给定温度长时间保温才能满足,而实际生产条件下合金很少能达到平衡状态。因此用相图分析合金的相和组织时,必须注意该合金非平衡结晶条件下可能出现的相和组织以及与相图反映的相和组织状况的差异。其次,相图只能给出合金在平衡条件下存在的相、相的成分和其相对量,并不能反映相的形状、大小和分布,即不能给出合金组织的形貌状态。此外要说明的是,二元相图只反映二元系合金的相平衡关系,实际使用的金属材料往往不只限于两个组元,必须注意其他元素加入对相图的影响,尤其是其他元素含量较高时,二元相图中的相平衡关系可能完全不同。

习　题

3-1　什么是合金?什么是相?固态合金中的相是如何分类的?相与显微组织有何区别和联系?

3-2　合金结晶与纯金属结晶有什么异同?

3-3　什么是固溶强化?造成固溶强化的原因是什么?

3-4　30kg 纯铜与 20kg 纯镍熔化后慢冷至 1250℃,利用图 3-5 的 Cu-Ni 相图,确定:(1)合金的组成相及相的成分;(2)相的质量分数。

3-5　画出图 3-10 中共晶合金 Ⅳ(假设 $w_{Sn}=70\%$)平衡结晶过程的冷却曲线。画出室温平衡组织示意图,并在相图中标注出组织组成物。计算室温组织中组成相的质量分数及各种组织组成物的质量分数。

3-6　铋(Bi)熔点为 271.5℃,锑(Sb)熔点为 630.7℃,两组元液态和固态均无限互溶。缓冷时 w_{Bi} 为 50% 的合金在 520℃ 开始析出 w_{Sb} 为 87% 的 α 固相,w_{Bi} 为 80% 的合金在 400℃ 时开始析出 w_{Sb} 为 64% 的 β 固相,由以上条件:

(1)示意绘出 Sb－Bi 相图,标出各线和各相区名称;

(2)由相图确定 w_{Sb} 为 40％合金的开始结晶和结晶终了温度,并求出它在 400℃时的平衡相成分和相的质量分数。

3－7 什么是共晶反应?什么是共析反应?它们各自有何特点?试写出相应的反应通式?

3－8 固溶体合金和共晶合金其力学性能和工艺性能各有什么特点?

3－9 为什么共晶线下所对应的各种非共晶成分的合金也能在共晶温度发生部分共晶转变呢?

3－10 某合金相图如图 3－20 所示。

(1)标上 1—3 区域中存在的相;

(2)标上 4,5 区域中的组织;

(3)相图中包括哪几种转变?写出它们的反应式。

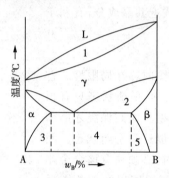

图 3－20 某合金相图

第四章 铁碳合金

铁碳合金,是以铁和碳为组元的二元合金。铁基材料中应用最多的一类——碳钢和铸铁,就是一种工业铁碳合金材料。了解铁碳合金成分与组织、性能的关系,有助于我们更好地研究和使用钢铁材料。

铁碳合金相图是研究铁碳合金最基本的工具,是研究碳钢和铸铁的成分、温度、组织及性能之间关系的理论基础,是制订热加工、热处理、冶炼和铸造等工艺的依据。本章将着重讨论铁碳相图及其应用方面的一些问题。铁与碳可以形成一系列化合物:Fe_3C,Fe_2C,FeC 等。Fe_3C 的含碳量为 6.69%,铁碳合金含碳量超过 6.69%,脆性很大,没有实用价值,所以本章讨论的铁碳相图,实际是 $Fe-Fe_3C$ 相图。

第一节 $Fe-Fe_3C$ 系合金的组元与基本相

一、组元

(1)纯铁

Fe 是过渡族元素,1 个标准大气压下的熔点为 1538℃,20℃时的密度为 7.87g/cm³。图 4-1 所示为纯铁从液态缓冷为固态的冷却曲线。纯铁结晶为固态后再冷却至室温的过程中发生两次同素异构转变,即

$$\delta-Fe(体心) \underset{1394℃}{\overset{}{\rightleftharpoons}} \gamma-Fe(面心) \underset{912℃}{\overset{}{\rightleftharpoons}} \alpha-Fe(体心)$$

工业纯铁的力学性能大致如下:抗拉强度 180~230MPa,屈服强度 100~170MPa,伸长率 30%~50%,硬度为 50HBS~80HBS。可见,纯铁强度低、硬度低、塑性好,很少做结构材料,由于有高的磁导率,主要作为电工材料用于各种铁芯。

(2)碳

碳是元素周期表中的非金属元素。自然界存在的游离的碳有石墨(图 4-2)和金刚石两种晶体结构,在铁碳合金中的游离态是石墨,它们是同素异构体。

C 在 Fe-C 合金中的存在形式有三种:①C 溶入 Fe 的不同晶格中形成固溶体;②C 与 Fe 形成金属化合物,渗碳体(Fe_3C);③C 以游离态石墨存在于合金中。

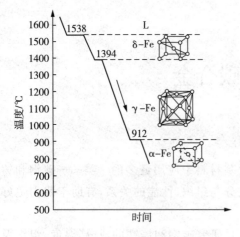
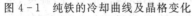

图 4-1 纯铁的冷却曲线及晶格变化

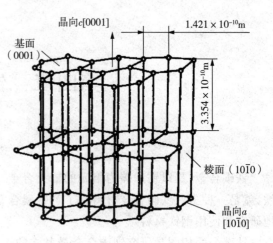

图 4-2 石墨的晶体结构

二、基本相

Fe-Fe₃C 相图中除了高温时存在的液相 L 和化合物相 Fe₃C 外,还有碳溶于铁形成的几种间隙固溶体相(图 4-3):

(1)铁素体

碳溶于 α-Fe 的间隙固溶体,体心立方晶格,用符号 α 或 F 表示。F 中碳的固溶度极小,室温时约为 0.0008%,600℃时约为 0.0057%,在 727℃时溶碳量最大,约为 0.0218%。其力学性能与工业纯铁相当。

(2)奥氏体

碳溶于 γ-Fe 的间隙固溶体,面心立方晶格,用符号 γ 或 A 表示。奥氏体中碳的固溶度较大,727℃时约为 0.77%,在 1148℃时最大达 2.11%。奥氏体强度较低,硬度不高,易于塑性变形。

(3)δ 固溶体

碳溶于 δ-Fe 的间隙固溶体,体心立方晶格,用符号 δ 表示。

(4)渗碳体

Fe₃C 是铁和碳形成的间隙化合物,晶体结构十分复杂,通常称渗碳体,可用符号 Cm 表示。Fe₃C 具有很高的硬度但很脆,硬度为 950HV~1050HV,抗拉强度 30MPa,伸长率 0。

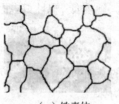

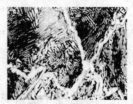

(a)铁素体　　　　　(b)奥氏体　　　　　(c)钢中的渗碳体

图 4-3 铁碳合金中的基本相

第二节 Fe–Fe₃C 相图

一、Fe–Fe₃C 相图中各点的温度、含碳量及含义

Fe–Fe₃C 相图及相图中各点的温度、含碳量等见图 4-4 及表 4-1。

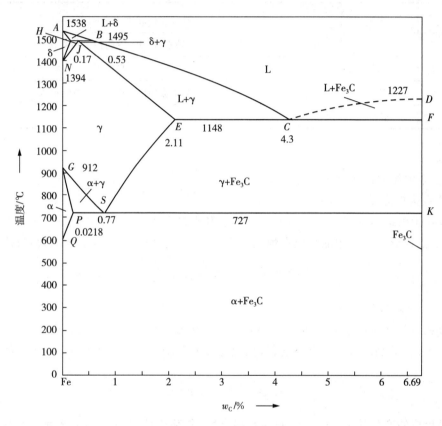

图 4-4 铁碳合金相图

表 4-1 相图中各点的温度、含碳量及含义

位置	温度（℃）	含碳量	含 义
A	1538	0	纯铁的熔点
B	1495	0.53	包晶转变时液态合金的成分
C	1148	4.3	共晶点
D	1227	6.69	Fe₃C 的熔点
E	1148	2.11	碳在 γ-Fe 中的最大溶解度点
F	1148	6.69	Fe₃C 的成分

（续表）

位置	温度(℃)	含碳量	含 义
G	912	0	同素异构转变 $\gamma-Fe \overset{912℃}{\rightleftharpoons} \alpha-Fe$
H	1495	0.09	碳在 $\delta-Fe$ 中的最大溶解度点
J	1495	0.17	包晶点
K	727	6.69	Fe_3C 的成分
N	1394	0	同素异构转变点 $\delta-Fe \overset{1394℃}{\rightleftharpoons} \gamma-Fe$
P	727	0.0218	碳在 $\alpha-Fe$ 中的最大溶解度点
S	727	0.77	共析点
Q	600	0.0057	600℃（或室温）时碳在 $\alpha-Fe$ 中的最大溶解度点
	室温	0.0008	

1.Fe-Fe₃C 相图中重要的点和线

（1）三个重要的特性点

① J 点为包晶点

合金在平衡结晶过程中冷却到 1495℃时。B 点成分的 L 与 H 点成分的 δ 发生包晶反应，生成 J 点成分的 A。包晶反应在恒温下进行，反应过程中 L，δ，A 三相共存，反应式为：

$$L_{0.53} + \delta_{0.09} \overset{1495℃}{\rightleftharpoons} A_{0.17}$$

② C 点为共晶点

合金在平衡结晶过程中冷却到 1148℃时。C 点成分的 L 发生共晶反应，生成 E 点成分的 A 和 Fe_3C。共晶反应在恒温下进行，反应过程中 L，A，Fe_3C 三相共存，反应式为：

$$L_{4.3} \overset{1148℃}{\rightleftharpoons} A_{2.11} + Fe_3C$$

共晶反应的产物是 A 与 Fe_3C 的共晶混合物，称莱氏体，用符号 Ld 表示。莱氏体组织中的渗碳体称为共晶渗碳体。在显微镜下莱氏体的形态是块状或粒状 A（727℃时转变为珠光体）分布在渗碳体基体上。

③ S 点为共析点

合金在平衡结晶过程中冷却到 727℃时 S 点成分的 A 发生共析反应，生成 P 点成分的 F 和 Fe_3C。共析反应在恒温下进行，反应过程中 A，F，Fe_3C 三相共存，反应式为：

$$A_{2.11} \overset{727℃}{\rightleftharpoons} F_{0.0218} + Fe_3C$$

共析反应的产物是铁素体与渗碳体的共析混合物，称珠光体，用符号 P 表示。P 中的渗碳体称为共析渗碳体。在显微镜下 P 的形态呈层片状。在放大倍数很高时，可清楚看到相间分布的渗碳体片（窄条）与铁素体片（宽条）。P 的强度较高，塑性、韧性和硬度介于渗碳体和铁素体之间。

2. 相图中的特性线

相图中的 $ABCD$ 为液相线；$AHJECF$ 为固相线。

(1)水平线 HJB 为包晶反应线。碳含量 $0.09\%\sim0.53\%$ 的铁碳含金在平衡结晶过程中均发生包晶反应。

(2)水平线 ECF 为共晶反应线。碳含量 $2.11\%\sim6.69\%$ 的铁碳合金，在平衡结晶过程中均发生共晶反应。

(3)水平线 PSK 为共析反应线。碳含量 $0.0218\%\sim6.69\%$ 的铁碳合金，在平衡结晶过程中均发生共析反应。PSK 线在热处理中亦称 A_1 线。

(4)GS 线是合金冷却时自 A 中开始析出 F 的临界温度线，通常称 A_3 线。

(5)ES 线是碳在 A 中的固溶线，通常称 A_{cm} 线。由于在 1148℃时 A 中溶碳量最大可达 2.11%，而在 727℃时仅为 0.77%，因此碳含量大于 0.77% 的铁碳合金自 1148℃冷至 727℃ 的过程中，将从 A 中析出 Fe_3C。析出的渗碳体称为二次渗碳体（Fe_3C_{II}）。A_{cm} 线亦是从 A 中开始析出 Fe_3C_{II} 的临界温度线。

(6)PQ 线是碳在 F 中的固溶线。在 727℃时 F 中溶碳量最大可达 0.0218%，室温时仅为 0.0008%，因此碳含量大于 0.0008% 的铁碳合金自 727℃冷至室温的过程中，将从 F 中析出 Fe_3C。析出的渗碳体称为三次渗碳体（Fe_3C_{III}）。PQ 线亦为从 F 中开始析出 Fe_3C_{III} 的临界温度线。Fe_3C_{III} 数量极少，往往可以忽略。下面分析铁碳合金平衡结晶过程时，均忽略这一析出过程。

第三节　典型铁碳合金的平衡结晶过程

根据碳的质量分数和室温组织的不同,可将铁碳含金可分为三类：

(1)工业纯铁 w_C 小于等于 0.0218%。

(2)钢 w_C 为 $0.0218\%\sim2.11\%$。根据室温组织的不同，钢又可分为三种：共析钢（w_C 为 0.77%）；亚共析钢（w_C 为 $0.0218\%\sim0.77\%$）；过共析钢（w_C 为 $0.77\%\sim2.11\%$）。

(3)白口铸铁 w_C 为 $2.11\%\sim6.69\%$。根据室温组织的不同，白口铸铁又可分为三种：共晶白口铸铁（w_C 为 4.3%）；亚共晶白口铸铁（w_C 为 $2.11\%\sim4.3\%$）；过共晶白口铸铁（w_C 为 $4.3\%\sim6.69\%$）。

下面以几种典型的铁碳合金为例,分析其结晶过程和室温下的显微组织。由于图 4-4 中左上方的包晶反应对室温组织分析的意义不大，通常采用简化了的 $Fe-Fe_3C$ 相图（图 4-5）说明。

1. 共析钢的平衡结晶过程（w_C 为 0.77%）

共析钢其冷却曲线（如图 4-6）和平衡结晶过程如下。

合金冷却时,于 1 点起从 L 中结晶出 A,至 2 点全部结晶结束。在 2—3 间 A 冷却不变。至 3 点时,A 发生共析反应生成 P。从 3 继续冷却,由于 F 固溶度的变化将析出三次渗碳体,因其数量少并难以区分,一般忽略不计。因此共析钢的室温平衡组织全部为 P,而组成

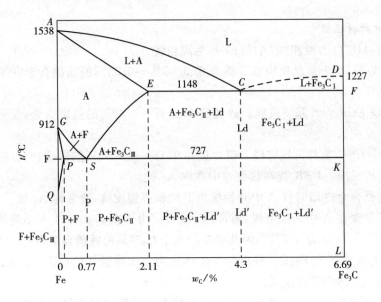

图 4-5 简化的 Fe-Fe₃C 相图

相为 F 和 Fe₃C,它们的相对质量为:

$$w_F = \frac{6.69 - 0.77}{6.69 - 0.0218} \times 100\% = 88.8\%$$

$$w_{Fe_3C} = \frac{0.77 - 0.0218}{6.69 - 0.0218} \times 100\% = 11.2\%$$

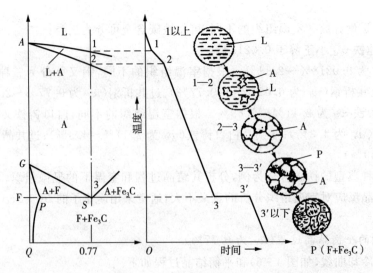

图 4-6 共析钢平衡结晶过程示意图

珠光体具有层片状的显微组织特征,在低倍放大显微镜下观察,只能见到白色的 F 基体上分布着黑色条纹状的渗碳体呈黑白相间的层状形貌或是二者难以分清,如图4-7所示。

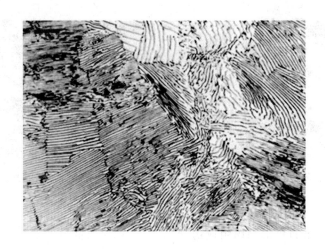

图4-7 共析钢的室温平衡组织

2. 亚共析钢

以含碳0.4%的铁碳含金为例,其冷却曲线和平衡结晶过程如图4-8所示。

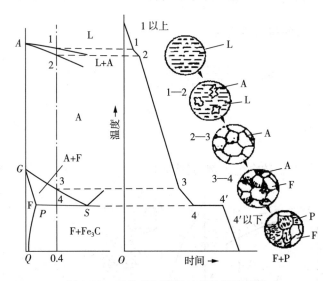

图4-8 亚共析钢平衡结晶过程示意图

合金冷却时,从1点起自L中结晶出A,温度继续下降,至2点时,L全部转变为A,在2—3间A冷却不变。从3点起,冷却时由A中析出F,F在A晶界处优先生核并长大,而A和F的成分分别沿GS线和GP线变化。至4点时,A的成分变为0.77%C,F的成分变为0.0218%C。此时A发生共析反应,转变为P,F不变化。继续冷却至室温,合金组织不发生变化,因此室温平衡组织为F+P。

如图4-9所示为亚共析钢的显微组织,其中F呈白色块状;P呈层片状,放大倍数不高时呈黑色块状。碳含量大于0.6%的亚共析钢,室温平衡组织中的F常呈白色网状,包围在

P周围。在 $0.0218\% \sim 0.77\%$ C内珠光体的量随含碳量增加而增加。

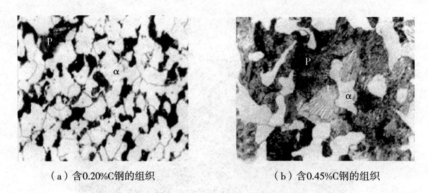

（a）含0.20%C钢的组织　　　　　　　（b）含0.45%C钢的组织

图 4-9　亚共析钢显微组织

含 0.4%C 的亚共析钢的组织组成物(F 和 P)的相对质量为：

$$w_{\mathrm{P}} = \frac{0.4 - 0.0218}{0.77 - 0.0218} \times 100\% = 50.5\%$$

$$w_{\mathrm{F}} = 1 - 50.5\% = 49.5\%$$

组成相(F 和 Fe_3C)的相对质量为：

$$w_{\mathrm{F}} = \frac{6.69 - 0.4}{6.69 - 0.0218} \times 100\% = 94.3\%$$

$$w_{\mathrm{Fe_3C}} = 1 - 94.3\% = 5.7\%$$

3. 过共析钢

以碳含量为 1.2% 的铁碳合金为例，其冷却曲线和平衡结晶过程如图 4-10 所示。

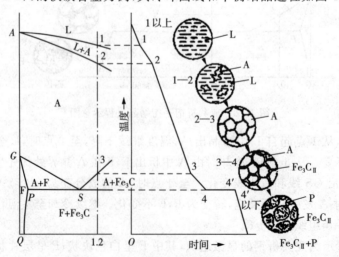

图 4-10　过共析钢结晶过程示意图

合金冷却时,从 1 点起自 L 中结晶出 A,至 2 点全部结晶结束。在 2—3 间 A 冷却不变,从 3 点起,由 A 中析出 Fe_3C_{II},Fe_3C_{II} 呈网状分布在 A 晶界上。至 4 点时 A 的碳含量降为 0.77%,4—4′发生共析反应转变为 P,而 Fe_3C_{II} 不变化。从 4′ 继续冷却时组织不发生转变。因此室温平衡组织为 Fe_3C_{II}+P。在显微镜下,Fe_3C_{II} 呈网状分布在层片状 P 周围,见图 4-11 所示。

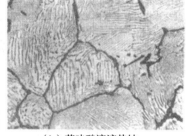

（a）硝酸酒精溶液浸蚀　　　　　（b）苦味酸溶液热蚀

图 4-11 过共析钢的显微组织

含 1.2%C 的过共析钢的组织组成物为 Fe_3C_{II} 和 P,它们的相对质量为:

$$w_P=\frac{6.69-1.2}{6.69-0.77}\times100\%=92.7\%$$

$$w_{Fe_3C_{II}}=1-92.7\%=7.3\%$$

组成相(F 和 Fe_3C)的相对质量为:

$$w_F=\frac{6.69-1.2}{6.69-0.0218}\times100\%=82.3\%$$

$$w_{Fe_3C}=1-82.3\%=17.7\%$$

4. 共晶白口铸铁

共晶白口铸铁的冷却曲线和平衡结晶过程如图 4-12 所示。合金在 1 点发生共晶反应,由 L 转变为(高温)莱氏体 Ld($A+Fe_3C$)。在 1′—2 间,Ld 中的 A 不断析出 Fe_3C_{II}。Fe_3C_{II} 与共晶 Fe_3C 无界线相连,在显微镜下无法分辨,但此时的莱氏体由 $A+Fe_3C_{II}+Fe_3C$ 组成。由于 Fe_3C_{II} 的析出,至 2 点时 A 的碳含量降为 0.77%,并发生共析反应转变为 P;2′ 以下组织不变化。通常把室温下获得的由 $P+Fe_3C_{II}+Fe_3C$ 组成的莱氏体称为低温莱氏体 Ld′。所以室温平衡组织仍为 Ld′,由黑色条状或粒状 P 和白色 Fe_3C 基体组成(见图 4-13)。共晶白口铸铁的组织组成物全为 Ld′,而组成相还是 F 和 Fe_3C,它们的相对重量可用杠杆定律求出。

5. 亚共晶白口铸铁

以碳含量为 3%的铁碳合金为例,其冷却曲线和平衡结晶过程如图 4-14 所示。合金自 1 点起,从 L 中结晶出初生 A,至 2 点时 L 的成分变为含 4.3%C(A 的成分变为含 2.11%),发生共晶反应转变为 Ld,而 A 不参与反应。在 2′—3 间继续冷却时,初生 A 不断在其外围

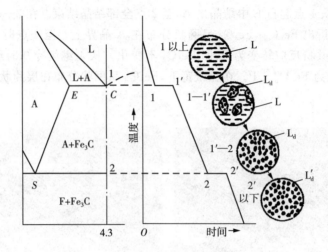

图 4 - 12　共晶白口铸铁结晶过程示意图

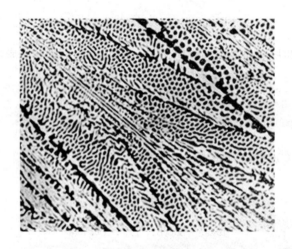

图 4 - 13　共晶白口铸铁显微组织

或晶界上析出 Fe_3C_{II}，同时 Ld 中的 A 也析出 Fe_3C_{II}。至 3 点温度时，所有 A 的成分均变为 0.77%，初生 A 发生共析反应转变为 P；高温莱氏体 Ld 也转变为低温莱氏体 Ld'。在 3' 以下，冷却不引起转变。因此室温平衡组织为 $P+Fe_3C_{II}+Ld'$。网状 Fe_3C_{II} 分布在粗大块状 P 的周围，Ld' 则由条状或粒状 P 和 Fe_3C 基体组成（见图 4 - 15）。亚共晶白口铸铁的组成相为 F 和 Fe_3C。组织组成物为 P，Fe_3C_{II} 和 Ld'。它们的相对质量可以两次利用杠杆定律求出。

6. 过共晶白口铸铁

过共晶白口铸铁的结晶过程与亚共晶白口铸铁大同小异，唯一的区别是：其先析出相是一次渗碳体（Fe_3C_{I}）而不是 A，而且因为没有先析出 A，进而其室温组织中除 Ld' 中的 P 以外再没有 P，即室温下组织为 $Ld'+Fe_3C_{I}$，白色条状特征的是一次 Fe_3C，具有黑白点条状特征的是变态莱氏体（见图 4 - 16）。组成相也同样为 F 和 Fe_3C，它们的质量分数的计算仍然用杠杆定律。

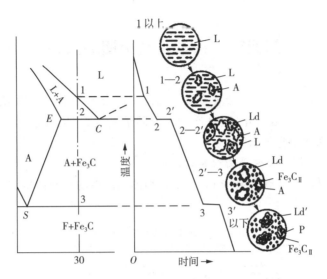

图 4-14 亚共晶白口铸铁结晶过程示意图

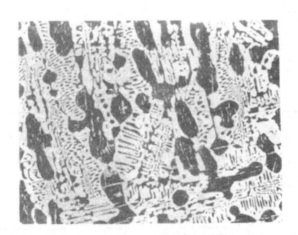

图 4-15 亚共晶白口铸铁显微组织

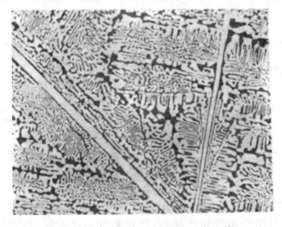

图 4-16 过共晶白口铸铁显微组织

第四节　铁碳合金相图的应用

由 Fe-Fe₃C 相图可知,铁碳合金室温平衡组织都由 F 和 Fe₃C 两相组成,改变含碳量,不仅引起组成相的质量分数变化,而且产生了不同结晶过程,从而导致组成相的形态、分布变化,也即改变了铁碳合金的组织。

1. 碳质量分数对铁碳合金平衡组织的影响

综合上一节分析,将铁碳合金按 Fe-Fe₃C 相图结晶后的钢与白口铸铁的室温平衡组织总结于表 4-2 中。

表 4-2　钢与白口铸铁平衡组织

名　称	$w_C/\%$	组　织	代表符号
工业纯铁	<0.02	铁素体(或铁素体+少量三次渗碳体)	$F+Fe_3C_{II}$
亚共析钢	0.02~0.77	铁素体+珠光体	$F+P$
共析钢	0.77	珠光体	P
过共析钢	0.77~2.11	珠光体+二次渗碳体	$P+Fe_3C_{II}$
亚共晶白口铸铁	2.11~4.30	珠光体+二次渗碳体+变态莱氏体	$P+Fe_3C_{II}+Ld'$
共晶白口铸铁	4.30	变态莱氏体	Ld'
过共晶白口铸铁	4.30~6.69	变态莱氏体+一次渗碳体	$Ld'+Fe_3C_{I}$

由表 4-2 可见,铁碳合金中的钢与白口铸铁室温平衡组织中的组织组成物可归结为四种,即 F,Fe_3C,P,Ld';相组成物为 F 和 Fe_3C。随着合金中含碳量的变化,其组织组成物及相组成物的相对量皆发生变化,如图 4-17 所示。

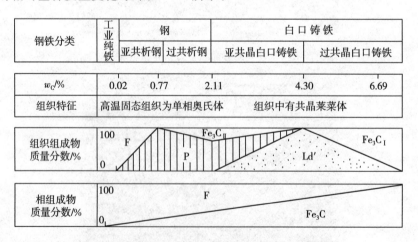

图 4-17　含碳量与组织组成物及相组成物的关系

2. 碳含量与碳钢的机械性能的关系

碳钢的成分不同,其组织组成物的种类、数量和分布也不同,从而具有不同的力学性能。

成分对碳钢组织和性能的影响如图 4 - 18 所示。

硬度（HB）主要决定于组织中组成相或组织组成物的硬度和相对数量，而受它们的形态的影响相对较小。随碳含量的增加，由于硬度高的 Fe_3C 增多，硬度低的 F 减少，所以合金的硬度呈直线关系增大。

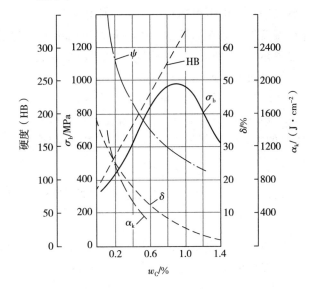

图 4 - 18　含碳量对退火钢力学性能的影响

强度是一个对组织形态很敏感的性能。随碳含量的增加，亚共析钢中 P 增多而 F 减少。P 的强度比较高，F 的强度较低，所以亚共析钢的强度随碳含量的增大而增大；但当碳含量超过共析成分之后，由于强度很低的 Fe_3C_{II} 沿晶界析出，合金强度的增高变慢；到约 0.9％时，Fe_3C_{II} 沿晶界形成完整的网，强度迅速降低；随着碳含量的增加，强度不断下降。

铁碳含金中 Fe_3C 是极脆的相，没有塑性，不能为合金的塑性做出贡献，合金的塑性全部由 F 提供，所以随碳含量的增大，F 量不断减少时，合金的塑性连续下降。到合金成为白口铸铁时，塑性就降到近于零值了。

3. Fe - Fe_3C 相图的应用

Fe - Fe_3C 相图在生产中具有重大的实际意义，主要应用在钢铁材料的选用和加工工艺的制订两个方面。

（1）在钢铁材料选用方面的应用

Fe - Fe_3C 相图所表明的某些成分—组织—性能的规律，为钢铁材料选用提供了根据。建筑结构和各种型钢需用塑性、韧性好的材料，因此应选用碳含量较低的钢材；各种机械零件需要强度、塑性及韧性都较好的材料，应选用碳含量适中的中碳钢；各种工具要用硬度高和耐磨性好的材料，则选用含碳量高的钢种；纯铁的强度低，不宜用作结构材料，但由于其导磁率高，可做软磁材料使用，例如做电磁铁的铁芯等；白口铸铁硬度高、脆性大，不能切削加工，也不能锻造，但其耐磨性好，铸造性能优良，适用于制作要求耐磨、不受冲击、形状复杂的铸件，例如拔丝模、冷轧辊、货车轮、犁铧、球磨机的磨球等。

（2）在铸造工艺方面的应用

根据 Fe - Fe_3C 相图可以确定合金的浇注温度。浇注温度一般在液相线以上 50～100℃。相图中液相线与固相线之间的温度间隔大小，是铸造用铁碳合金成分选择的重要依据。温度间隔越小，铁碳合金的流动性越好、缩松倾向越小，越易于得到优质铸件，故纯铁和共晶白口铸铁的铸造性能最好。所以铸铁在生产上总是选在共晶成分附近；在铸钢生产中，碳含量规定在 0.15％和 0.6％之间，因为这个范围内钢的结晶温度区间较小，铸造性能较好。

（3）在锻造工艺方面的应用

钢的锻造温度可根据相图中奥氏体相区的 AE 温度线、A_3 温度或 A_1 温度进行选择。钢的始锻温度应控制在 AE 温度线以下 $100\sim200℃$，以免因温度过高造成钢的严重氧化或奥氏体晶界熔化；终锻温度应控制在 A_3 温度（亚共析钢）或 A_1 温度（共析钢和过共析钢）以上，以免因温度过低引起钢料锻造裂纹。

（4）在热处理工艺方面的应用

$Fe-Fe_3C$ 相图对于制订热处理工艺有着特别重要的意义。一些热处理工艺如退火、正火、淬火的加热温度都是依据 $Fe-Fe_3C$ 相图确定的。这将在第五章中详细阐述。

第五节　碳钢中常存杂质

碳钢被广泛使用在工农业生产中。它们不仅价格低廉、容易加工，而且在一般情况下能满足使用性能的要求。为了掌握碳钢的正确选择和合理使用，必须熟悉它的牌号和用途。

一、碳钢中杂质元素

由于原料和冶炼工艺的原因，碳钢中除铁与碳两种元素外，还含有少量 Mn，Si，S，P 以及微量的气体元素 O，H，N 等非特意加入的杂质元素。Si 和 Mn 是在炼钢时作为脱氧剂（锰铁、硅铁）加入而残留在钢中的，其余的元素则是从原料或大气中带入钢中而冶炼时不能清除尽的有害杂质。它们对钢的性能有一定影响。

1. Si 和 Mn 的影响

Si 和 Mn 加入钢中，可将钢液中的 FeO 还原成 Fe，并形成 SiO_2 和 MnO。Mn 还与钢液中的 S 形成 MnS 而大大减轻 S 的有害作用。这些反应产物大部分进入炉渣，小部分残留钢中成为非金属夹杂。钢中含 Mn 量为 $0.25\%\sim0.80\%$。钢中含 Si 量为 $0.03\%\sim0.40\%$。

脱氧剂中的 Si 与 Mn 总会有一部分溶于钢液，凝固后溶于铁素体，产生固溶强化作用。在含量不高（$<1\%$）时，可以提高钢的强度，而不降低钢的塑性和韧性，一般认为 Si，Mn 是钢中有益元素。

2. S 的影响

S 在固态铁中几乎不溶解，它与铁形成熔点为 $1190℃$ 的 FeS，FeS 又与 $\alpha-Fe$ 形成熔点更低的（$985℃$）共晶体。即使钢中含 S 量不高，由于严重偏析，凝固快完成时，钢中的 S 几乎全部残留在枝晶间的钢液中，最后形成低熔点的"Fe+FeS"共晶。含有硫化物共晶的钢材进行热压力加工（加热温度一般在 $1150\sim1250℃$），分布在晶界处的共晶体处于熔融状态，一经轧制或锻打，钢材就会沿晶界开裂。这种现象称为钢的热脆。

如果钢水脱氧不良，含有较多的 FeO，还会形成"Fe+FeO+FeS"三相共晶体，熔点更低（$940℃$），危害性更大。对于铸钢件，含 S 过高，易使铸件发生热裂；S 也使焊件的焊缝处易发生热裂。

3. P 的影响

P 在铁中固溶度较大，钢中的 P 一般都固溶于铁中。P 溶入铁素体后，有较其他元素更强的固溶强化能力,尤其是较高的含 P 量,使钢的强度、硬度显著提高的同时,也使其塑性和韧性剧烈地降低,并且还提高了钢的脆性转化温度,使得低温工作的零件冲击韧性很低,脆性很大,这种现象通常称为钢的冷脆。

S,P 在钢中是有害元素,在普通质量非合金钢中,其含量被限制在 0.045% 以下。如果要求更好的质量,则含量限制更严格。在一定条件下 S,P 也被用于提高钢的切削加工性能。炮弹钢中加入较多的 P,可使炮弹爆炸时产生更多弹片,使之有更大的杀伤力。P 与 Cu 共存可以提高钢的抗大气腐蚀能力。

4. O,H,N 的影响

O 在钢中溶解度很小,几乎全部以氧化物夹杂形式存在,如 FeO,Al_2O_3,SiO_2,MnO 等,这些非金属夹杂使钢的力学性能降低,尤其是对钢的塑性、韧性、疲劳强度等危害很大。

H 在钢中含量尽管很少,但溶解于固态钢中时,剧烈地降低钢的塑性和韧性,增大钢的脆性,这种现象称为氢脆。

少量 N 存在于钢中,会起强化作用。N 的有害作用表现为造成低碳钢的时效现象,即含 N 的低碳钢自高温快速冷却或冷加工变形后,随时间的延长,钢的强度、硬度上升,塑性和韧性下降,脆性增大,同时脆性转变温度也提高了,造成了许多焊接工程结构和容器突然断裂事故。

习 题

4-1 绘出 Fe-Fe_3C 相图,并填出各区组织,标明重要的点、线、成分及温度,说明图中组元碳的质量分数为什么仅研究到 6.69%。

4-2 指出铁素体、奥氏体、渗碳体的晶体结构及力学性能特点。

4-3 比较 Fe_3C_I,Fe_3C_{II},Fe_3C_{III},$Fe_3C_{共晶}$,$Fe_3C_{共析}$ 的异同点。

4-4 对某一碳钢(平衡状态)进行相分析,得知其组成相为 80%F 和 20%Fe_3C,求此钢的成分及其硬度。

4-5 计算铁碳合金中 Fe_3C_{II} 的最大可能含量。

4-6 有一碳钢试样,金相观察室温平衡组织中,珠光体区域面积占 93%,其余为网状 Fe_3C_{II},F 与 Fe_3C 密度基本相同,室温时的 F 含碳量几乎为零。试估算这种钢的含碳量。

4-7 含碳量增加,碳钢的力学性能如何变化并简单分析原因。

4-8 同样形状的一块含碳为 0.15% 的碳钢和一块白口铸铁,不做成分化验,有什么方法区分它们?

4-9 用冷却曲线表示含碳量为 1.2% 成分的铁碳合金的平衡结晶过程,画出室温组织示意图,标上组织组成物,计算室温平衡组织中组成相和组织组成物的相对重量。

4-10 10kg 含 3.5%C 的铁碳合金从液态缓慢冷却到共晶温度(但尚未发生共晶反应)时所剩下的液体的成分及重量。

4-11 说明 Fe-Fe_3C 相图在工业生产中的应用。

第五章　钢的热处理

钢的热处理是将固态钢材采用适当的方式进行加热、保温和冷却以获得所需组织结构与性能的工艺。热处理不仅可用于强化钢材,提高机械零件的使用性能,而且还可以用于改善钢材的工艺性能。

热处理与其他加工工艺如铸造、锻造等相比,其特点是只改变内部组织结构,不改变表面形状与尺寸。热处理只适用于固态下能发生相变的材料,不发生固态相变的材料不能用热处理来强化。为简明表示热处理的基本工艺过程,通常用温度—时间坐标绘出热处理工艺曲线,如图5-1所示。

根据热处理的目的、要求和工艺方法的不同分类如下:

1. 整体热处理:包括退火、正火、淬火、回火和调质;

2. 表面热处理:包括表面淬火、化学热处理、物理和化学气相沉积等;

3. 其他热处理:形变热处理、激光热处理等。

根据在零件生产过程中所处的位置和作用不同,又可将热处理分为预备热处理与最终热处理。预备热处理是指为随后的各种加工或进一步热处

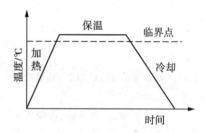

图5-1　热处理工艺曲线示意图

理做准备的热处理,而最终热处理是指赋予工件所要求的使用性能的热处理。

由于实际加热或冷却时存在着过冷或过热现象,因此将钢加热时的实际转变温度分别用 Ac_1, Ac_3, Ac_{cm} 表示,冷却时的实际转变温度分别用 Ar_1, Ar_3, Ar_{cm} 表示,如图5-2所示。

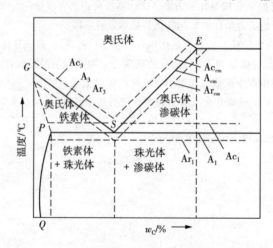

图5-2　加热和冷却对临界冷却转变温度的影响

第一节　钢在加热时的转变

钢能进行热处理,是因为钢会发生固态相变。因此,钢的热处理大多是将钢加热到临界温度以上,获得奥氏体组织,然后再以不同的方式冷却,使钢获得不同的组织而具有不同的性能。通常将钢加热获得奥氏体的转变过程称为奥氏体化过程。加热时形成的奥氏体的化学成分、均匀化程度、晶粒大小及加热后未溶入奥氏体中的碳化物等,直接影响钢在冷却后的组织和性能。因此研究钢在加热时的组织转变规律,控制加热规范以改变钢在高温下的组织状态,对于充分挖掘钢材性能潜力、保证热处理产品质量有重要意义。

一、共析钢的奥氏体化过程

以共析钢为例讨论奥氏体的形成过程。前面我们学习过:共析钢缓慢冷却得到的平衡组织是片状珠光体。它是由片状的铁素体和渗碳体交替组成的两相混合物。当以一定的加热速度加热至 Ac_1 温度以上时,将发生珠光体向奥氏体的转变。转变的反应式为:

$$F \quad + \quad Fe_3C \quad \xrightarrow{Ac_1} \quad A$$

$$\text{体心立方} \quad\quad \text{正交晶格} \quad\quad\quad \text{面心立方}$$

$$0.0218\% \quad\quad\quad 6.69\% \quad\quad\quad\quad 0.77\%$$

转变的反应物与生成物的晶体结构和成分都不相同,因此转变过程中必然涉及碳的重新分布和铁的晶格改组,这两个变化是借助碳原子和铁原子的扩散进行的,所以,珠光体向奥氏体的转变(即奥氏体化)是一个扩散型相变,是借助原子扩散,通过形核和长大方式进行的。共析钢中奥氏体转变过程分为四个阶段:奥氏体的形核、奥氏体长大、剩余渗碳体溶解和奥氏体成分均匀化,如图5-3所示。

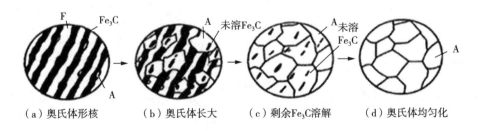

（a）奥氏体形核　　　（b）奥氏体长大　　　（c）剩余Fe₃C溶解　　　（d）奥氏体均匀化

图5-3　共析钢的奥氏体形成过程示意图

1. 奥氏体的形核

将共析钢加热到 Ac_1 温度以上,奥氏体晶核优先在铁素体和渗碳体相界面上形核。这是因为相界面上原子排列不规则,偏离了平衡位置,处于能量较高的状态,并且相界面上容易出现碳浓度起伏,因此相界面上了具备形核所需的结构起伏、能量起伏和浓度起伏,所以,奥氏体晶核优先在相界面上形核。

2. 奥氏体的长大

在相界面上形成奥氏体晶核后,与含碳量高的渗碳体接触的奥氏体一侧含碳量高,而与含碳量低的铁素体接触的奥氏体一侧含碳量低。这必然导致碳在奥氏体中由高浓度一侧向低浓度一侧扩散。碳在奥氏体中的扩散一方面促使铁素体向奥氏体转变,另一方面也促使渗碳体不断地溶入奥氏体中。这样奥氏体就随之长大了。

3. 残余渗碳体的溶解

铁素体在成分和结构上比渗碳体更接近于奥氏体,因而要比渗碳体的溶解速度快得多,因此铁素体总比渗碳体消失得早。铁素体消失后,随保温时间的延长,剩余渗碳体通过碳原子的扩散,逐渐溶入奥氏体中,直至渗碳体消失为止。

4. 奥氏体的均匀化

渗碳体完全消失后,碳在奥氏体中的成分是不均匀的,原先是渗碳体的位置碳浓度高,原先是铁素体的位置碳浓度低。随着保温时间的延长,通过碳原子的扩散,得到均匀的、共析成分的奥氏体。

亚共析钢和过共析钢的奥氏体化过程与共析钢基本相同,只有当加热温度超过 Ac_3 或 Ac_{cm} 并保温足够时间后,才能获得均匀的奥氏体。

二、奥氏体的晶粒大小及其影响因素

钢在加热时所获得的奥氏体晶粒大小将直接影响到冷却后的组织和性能。

1. 奥氏体的晶粒度

奥氏体化刚结束时的晶粒度称为起始晶粒度,此时晶粒细小。在给定温度下奥氏体的晶粒度称为实际晶粒度。加热时奥氏体晶粒的长大倾向称本质晶粒度(图 5-4)。通常将通常将钢加热到(940 ± 10)℃奥氏体化后,设法把奥氏体晶粒保留到室温来判断。γ 晶粒为 1~4 级的是本质粗晶粒钢,5~8 级的是本质细晶粒钢。前者晶粒长大倾向大,后者晶粒长大倾向小。

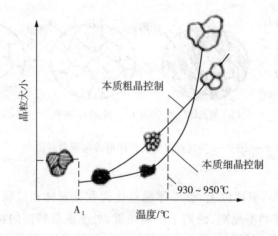

图 5-4 钢的本质晶粒度长大倾向示意图

2. 影响 A 晶粒大小因素

（1）加热温度，保温时间

加热温度越高，保温时间愈长，奥氏体晶粒越粗大。因此，应合理选择加热和保温时间，以保证获得细小均匀的奥氏体组织。

（2）加热速度

加热速度越快，过热度越大，形核率越高，晶粒越细。

（3）化学成分

A 中碳含量上升则晶粒长大的倾向大。同样，在钢中加入碳化物形成元素 Ti，V，Nb，Ta，Zr，W，Mo，Cr，Al 等会阻碍奥氏体晶粒长大，而 Mn，P 会促进奥氏体晶粒长大。

（4）原始组织

奥氏体晶粒粗大，冷却后的组织也粗大，将降低钢的常温力学性能，尤其是塑性。因此加热得到细而均匀的奥氏体晶粒是热处理的关键问题之一。

第二节　钢在冷却时的转变

冷却是热处理更重要的工序。钢在不同的过冷度下可转变为不同的组织，包括平衡组织和非平衡组织。

一、过冷奥氏体的转变产物及转变过程

处于临界点 A_1 以下的奥氏体称过冷奥氏体。过冷奥氏体是非稳定组织，迟早要发生转变。随过冷度不同，过冷奥氏体将发生珠光体转变、贝氏体转变和马氏体转变三种类型转变。现以共析钢为例说明：

1. 珠光体转变

过冷奥氏体在 A_1 到 550℃ 间将转变为珠光体类型组织，它是铁素体与渗碳体片层相间的机械混合物，根据片层厚薄不同，又细分为珠光体、索氏体和托氏体。

（1）珠光体

形成温度为 $A_1\sim650℃$，片层较厚，500 倍光镜下可辨，用符号 P 表示，如图 5-5 所示。

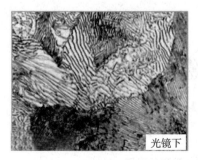

图 5-5　珠光体组织

（2）索氏体

形成温度为 $650\sim600℃$，片层较薄，$800\sim1000$ 倍光镜下可辨，用符号 S 表示，如图 5-6 所示。

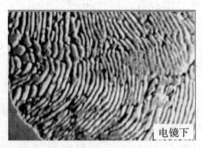

图 5-6　索氏体组织

（3）托氏体

形成温度为 $600\sim550℃$，片层极薄，电镜下可辨，用符号 T 表示，如图 5-7 所示。

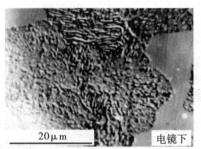

图 5-7　托氏体组织

珠光体、索氏体、屈氏体三种组织无本质区别，只是在形态上有粗细之分，因此其界限也是相对的。片间距越小，钢的强度、硬度越高，而塑性和韧性略有改善。

珠光体转变也是形核和长大的过程。渗碳体晶核首先在奥氏体晶界上形成，在长大过程中，其两侧奥氏体的含碳量下降，促进了铁素体形核，两者相间形核并长大，形成一个珠光体团。珠光体转变是扩散型转变，即铁原子和碳原子均发生扩散，如图 5-8 所示。

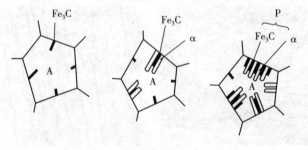

图 5-8　珠光体形成示意图

2. 贝氏体转变

过冷奥氏体在 550～230℃(Ms)将转变为贝氏体类型组织,贝氏体用符号 B 表示。根据其组织形态不同,贝氏体又分为上贝氏体($B_上$)和下贝氏体($B_下$)。

(1)上贝氏体

形成温度为 550～350℃,在光镜下呈羽毛状,在电镜下为不连续棒状的渗碳体分布于自奥氏体晶界向晶内平行生长的铁素体条之间,如图 5-9 所示。

图 5-9　上贝氏体组织

(2)下贝氏体

形成温度在 350℃和 Ms 之间。在光镜下呈竹叶状,在电镜下为细片状碳化物分布于铁素体针内,并与铁素体针长轴方向成 55°～60°,如图 5-10 所示。

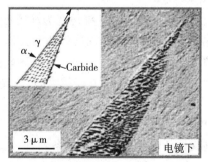

图 5-10　下贝氏体组织

上贝氏体强度与塑性都较低,无实用价值。下贝氏体除了强度、硬度较高外,塑性、韧性也较好,即具有良好的综合力学性能,是生产上常用的强化组织之一。

贝氏体转变也是形核和长大的过程。发生贝氏体转变时,首先在奥氏体中的贫碳区形成铁素体晶核,其含碳量介于奥氏体与平衡铁素体之间,为过饱和铁素体。

当转变温度较高(550～350℃)时,条片状铁素体从奥氏体晶界向晶内平行生长,随铁素体条伸长和变宽,其碳原子向条间奥氏体富集,最后在铁素体条间析出 Fe_3C 短棒,奥氏体消失,形成 $B_上$,如图 5-11 所示。

当转变温度较低(350～230℃)时,铁素体在晶界或晶内某些晶面上长成针状,由于碳原子扩散能力低,其迁移不能逾越铁素体片的范围,碳在铁素体的一定晶面上以断续碳化物小片的形式析出,形成 $B_下$,如图 5-12 所示。

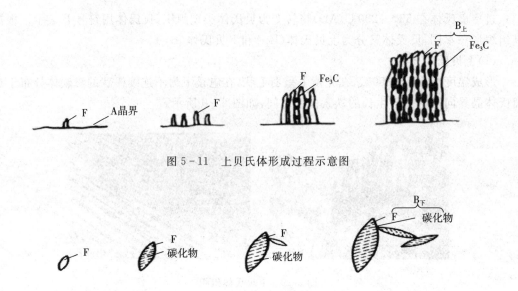

图 5-11　上贝氏体形成过程示意图

图 5-12　下贝氏体形成过程示意图

贝氏体转变属半扩散型转变,即只有碳原子扩散而铁原子不扩散,晶格类型改变是通过切变实现的。

3. 马氏体转变

当奥氏体过冷到 Ms 以下将转变为马氏体类型组织。马氏体转变是强化钢的重要途径之一。碳在 α-Fe 中的过饱和固溶体称马氏体,用 M 表示。马氏体转变时,奥氏体中的碳全部保留到马氏体中。如图 5-13 所示,马氏体具有体心正方晶格($a = b \neq c$),轴比 c/a 称马氏体的正方度。碳含量越高,正方度越大,正方畸变越严重。当 w_C 低于 0.25% 时,$c/a = 1$,此时马氏体为体心立方晶格。

(1)马氏体的形态

钢中马氏体的组织形态分为板条和针状两类。

① 板条马氏体

立体形态为细长的扁棒状,在光镜下板条马氏体为一束束的细条组织,见图 5-14(a)。

每束内条与条之间尺寸大致相同并成平行排列,一个奥氏体晶粒内可形成几个取向不同的马氏体束。在电镜下,板条内的亚结构主要是高密度的位错,ρ 为 10^{12} cm^{-2},又称位错马氏体,见图 5-14(b)。

② 片状马氏体

立体形态为双凸透镜形的片状。显微组织为针状,见图 5-15(a)。在电镜下,亚结构主

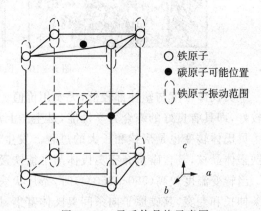

○ 铁原子
● 碳原子可能位置
⬭ 铁原子振动范围

图 5-13　马氏体晶格示意图

光镜下

（a）

电镜下

（b）

图 5 - 14　板条状马氏体

要是孪晶，又称孪晶马氏体，见图 5 - 15(b)。

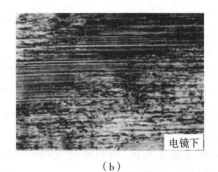

光镜下

（a）

电镜下

（b）

图 5 - 15　片状马氏体

w_C 小于 0.2% 时，组织几乎全部是板条马氏体；w_C 大于 1.0% 时几乎全部是针状马氏体；w_C 为 0.2%～1.0% 时为板条与针状的混合组织。

先形成的马氏体片横贯整个奥氏体晶粒，但不能穿过晶界和孪晶界。后形成的马氏体片不能穿过先形成的马氏体片，所以越是后形成的马氏体片越细小。原始奥氏体晶粒细，转变后的马氏体片也细。当最大马氏体片细到光镜下无法分辨时，该马氏体称隐晶马氏体。

（2）马氏体的性能

马氏体的硬度、韧性和含碳量的关系如图 5 - 16 所示。高硬度是马氏体性能的主要特

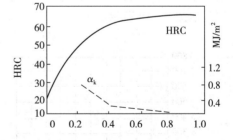

图 5 - 16　马氏体硬度、韧性与含碳量关系图

点。马氏体的硬度主要取决于其含碳量。含碳量增加，其硬度增加。当含碳量大于 0.6% 时，其硬度趋于平缓。合金元素对马氏体硬度的影响不大。

（3）马氏体转变的特点

马氏体转变也是形核和长大的过程。其主要特点是：

① 无扩散性

铁和碳原子都不扩散，因而马氏体的含碳量与奥氏体的含碳量相同。

② 共格切变性

由于无扩散,晶格转变是以切变机制进行的。使切变部分的形状和体积发生变化,引起相邻奥氏体随之变形,在预先抛光的表面上产生浮凸现象,如图 5-17 所示。

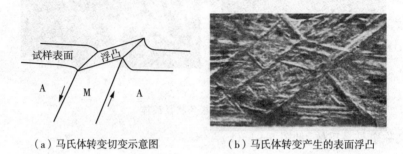

（a）马氏体转变切变示意图　　　　（b）马氏体转变产生的表面浮凸

图 5-17　马氏体转变切变

③ 降温形成

马氏体转变开始的温度称上马氏体点,用 Ms 表示。马氏体转变终了温度称下马氏体点,用 Mf 表示,如图 5-18 所示。只要温度达到 Ms 以下即发生马氏体转变。在 Ms 以下,随温度下降,转变量增加,冷却中断,转变停止。

④ 高速长大

马氏体形成速度极快,瞬间形核,瞬间长大。当一片马氏体形成时,可能因撞击作用使已形成的马氏体产生裂纹。

⑤ 转变不完全

即使冷却到 Mf 点,也不可能获得 100％的马氏体,总有部分奥氏体未能转变而残留下来,称残余奥氏体,用 A' 或 γ' 表示。Ms,Mf 与冷速无关,主要取决于奥氏体中的合金元素含量(包括碳含量)。马氏体转变后,A' 量随含碳量的增加而增加,当含碳量达 0.5％后,A' 量才显著,如图 5-19 所示。

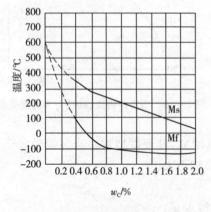

图 5-18　含碳量对
马氏体转变温度的影响

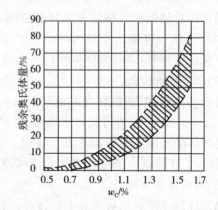

图 5-19　含碳量对
残余奥氏体量的影响

二、过冷奥氏体冷却转变图

生产中采用的冷却方式有:等温冷却和连续冷却(图5-20)。

(一)过冷奥氏体的等温转变

A在相变点 A_1 以上是稳定相,冷却至 A_1 以下就成了不稳定相,必然要发生转变。过冷奥氏体的等温转变图是表示奥氏体急速冷却到临界点 A_1 以下在各不同温度下的保温过程中转变量与转变时间的关系曲线,又称C曲线或TTT曲线,如图5-21所示。

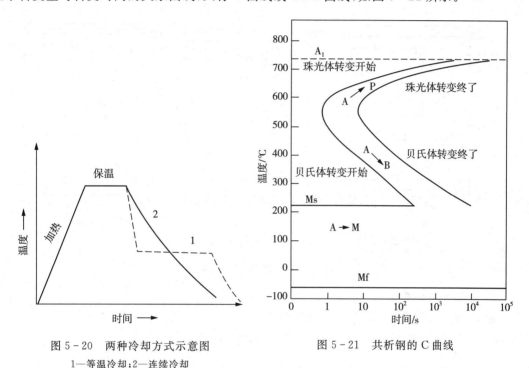

图5-20　两种冷却方式示意图
1—等温冷却;2—连续冷却

图5-21　共析钢的C曲线

过冷奥氏体C曲线是利用热分析法获得的。其测定原理以共析钢为例:

(1)取一批小试样并进行奥氏体化。

(2)将试样分组淬入低于 A_1 点的不同温度的盐浴中,隔一定时间取一试样淬入水中。

(3)测定每个试样的转变量,确定各温度下转变量与转变时间的关系。

(4)将各温度下转变开始时间及终了时间标在温度—时间坐标中,并分别连线。

转变开始点的连线称转变开始线。转变终了点的连线称转变终了线。

1.C曲线的分析

共析钢C曲线如图5-21所示。两条C曲线中,左边的一条及Ms线是过冷奥氏体转变开始线,右边的一条及Mf是过冷奥氏体转变终了线。 A_1 线、Ms线、转变开始线及纵坐标所包围的区域为过冷奥氏体区,转变终了线以右及Mf线以下为转变产物区。转变开始线与终了线之间及Ms线与Mf线之间为转变区。

转变开始线与纵坐标之间的距离为孕育期。孕育期越小,过冷奥氏体稳定性越小。孕育期最小处称C曲线的"鼻尖",碳钢鼻尖处的温度为550℃。在鼻尖以上,温度较高,相变驱动力小。在鼻尖以下,温度较低,扩散困难,从而使奥氏体稳定性增加。

另外,C 曲线明确表示了过冷奥氏体在不同温度下的等温转变产物。

2. 影响 C 曲线的因素

(1)成分的影响

① 含碳量的影响

共析钢的过冷奥氏体最稳定,C 曲线最靠右。Ms 与 Mf 点随含碳量增加而下降。与共析钢相比,亚共析钢和过共析钢 C 曲线的上部各多一条先析相的析出线,见图 5-22。

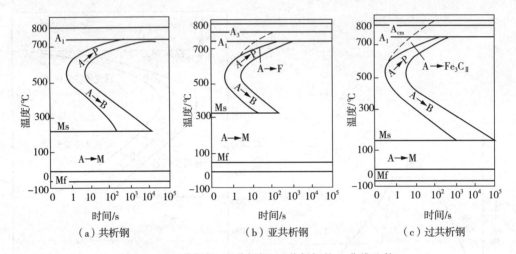

图 5-22 共析钢、亚共析钢、过共析钢的 C 曲线比较

② 合金元素的影响

除 Co 外,凡溶入奥氏体的合金元素都使 C 曲线右移。除 Co 和 Al 外,所有合金元素都使 Ms 与 Mf 点下降,例如 Cr 对 C 曲线的影响如图 5-23 所示。

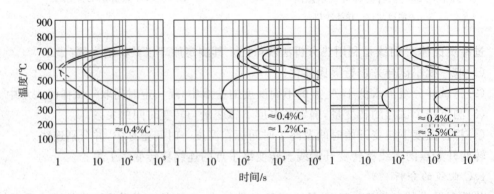

图 5-23 Cr 对 C 曲线的影响

(2)奥氏体化条件的影响

奥氏体化温度提高和保温时间延长,使奥氏体成分均匀、晶粒粗大、未溶碳化物减少,增加了过冷奥氏体的稳定性,使 C 曲线右移。使用 C 曲线时应注意奥氏体化条件及晶粒度的影响。

(二)过冷奥氏体连续冷却转变曲线

在实际生产中进行的热处理,一般采用连续冷却方式,过冷奥氏体的转变是在一定温度范围内进行的。过冷奥氏体连续冷却转变图又称 CCT 曲线(Continuous-Cooling-Transformation Diagram),是通过测定不同冷速下过冷奥氏体的转变量获得的。

1. 共析钢的 CCT 曲线

如图 5-24(a)所示,共析钢的 CCT 曲线没有贝氏体转变区,这是由于共析钢贝氏体转变时孕育期较长,在连续冷却过程中贝氏体转变来不及进行,温度就降到了室温。图中在珠光体转变区之下多了一条转变中止线。当连续冷却曲线碰到转变中止线时,珠光体转变中止,余下的奥氏体一直保持到 Ms 以下转变为马氏体。

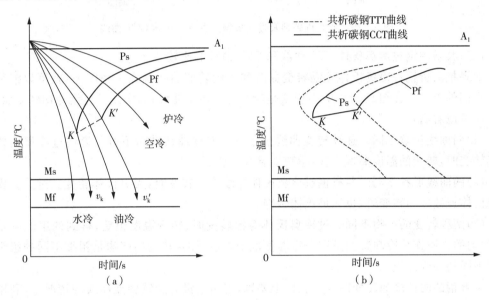

图 5-24　共析钢过冷奥氏体连续冷却转变曲线

其中 v_k 冷却速度称为 CCT 上临界冷却速度或临界淬火速度。它表示过冷奥氏体不发生珠光体转变,只发生马氏体转变的最小冷却速度。

冷却速度 v_k' 称下临界冷却速度。它表示过冷奥氏体不发生马氏体转变,只发生珠光体转变,得到 100% 珠光体组织的最大冷却速度。

如图 5-24(a)所示,当以炉冷缓慢冷却时,过冷奥氏体全部转变为珠光体。因此,转变后共析钢的室温组织为珠光体。注意,由于珠光体转变是在一定温度范围内进行的,转变过程中过冷度逐渐增大,珠光体的片间距逐渐减小,因此珠光体组织不均匀。当以空冷较快冷却时,过冷奥氏体转变为索氏体。当以油冷冷却时,过冷奥氏体先有一部分转变为托氏体,而剩余的过冷奥氏体被保留至 Ms 温度以下,转变为马氏体。因此,转变后共析钢的室温组织为:T+M+A'。当以大于 v_k 的冷却速度冷却时,过冷奥氏体冷至 Ms 温度以下,发生马氏体转变,其室温组织为:M+A'。

2. 亚共析碳钢及过共析钢的过冷奥氏体 CCT 曲线

如图 5-25 所示,过共析钢 CCT 曲线也无贝氏体转变区,但比共析钢 CCT 曲线多一条 A→Fe₃C 转变开始线。由于 Fe₃C 的析出,奥氏体中含碳量下降,因而 Ms 线右端升高。亚共析钢 CCT 曲线有贝氏体转变区,还多 A→F 开始线,F 析出使 A 含碳量升高,因而 Ms 线右端下降。

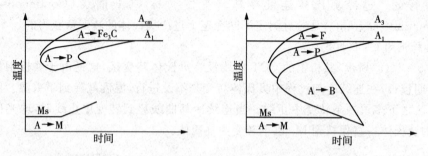

图 5-25　亚共析碳钢及过共析钢的过冷奥氏体 CCT 曲线

(三)共析碳钢过冷奥氏体 TTT 曲线和 CCT 曲线的比较

如果把共析钢过冷奥氏体等温转变曲线和连续转变曲线画在一张图上,就可以清楚地看出它们的差别。在图 5-24(b)中虚线是等温冷却转变曲线;而实线是连续冷却转变曲线。从图中可以看出:

(1)两曲线位置不同。连续转变曲线位于等温转变曲线的右下方。说明过冷奥氏体在连续转变时,转变的温度要低一些,孕育期要长一些。

(2)两曲线形状不同。共析钢过冷奥氏体连续冷却转变时,无贝氏体转变。过共析钢过冷奥氏体连续冷却转变时,也无贝氏体转变。

(3)两种转变的产物不同。过冷奥氏体等温转变时,转变温度恒定,得到的组织是单一的、均匀的。而连续冷却转变是在一定温度范围内进行的,转变的产物是粗细不同的组织或类型不同的混合组织。

尽管钢的两种冷却转变曲线存在以上差别,但是在没有连续转变曲线的情况下,利用等温转变曲线来分析连续冷却转变过程是可行的,在生产上也是这样做的。

第三节　钢的退火与正火

退火与正火是生产上应用很广泛的预备热处理工艺。大部分机器零件及工具、模具经退火或正火后,不仅可以消除铸件、锻件、焊接件的内应力及成分和组织不均匀性,也能改善和调整钢的力学性能和工艺性能,为下道工序做好组织性能准备。对一些普通铸件、焊接件以及一些性能要求不高的零件,退火和正火亦可作为最终热处理。

一、钢的退火

退火是将工件加热到一定温度(温度范围根据不同的退火方法而定),经保温后缓慢冷却(一般为随炉冷却),以获得接近平衡组织的热处理。退火一般为预先热处理或中间热处理。

1. 退火目的

(1)降低钢的硬度、提高塑性,以利于切削加工和冷变形加工经适当退火后,一般钢件的硬度为 160HB～230HB,切削加工性能良好。

(2)细化晶粒。均匀钢的组织及成分,改善钢的性能或为以后的热处理做准备。

(3)消除钢中的残余内应力,以稳定钢件尺寸,防止变形和开裂。

2. 退火种类

根据钢的成分及退火目的的不同,退火工艺常分为:完全退火、等温退火、球化退火、再结晶退火、去应力退火、扩散退火等。各种退火的加热温度范围和工艺方法如图 5-26 所示。

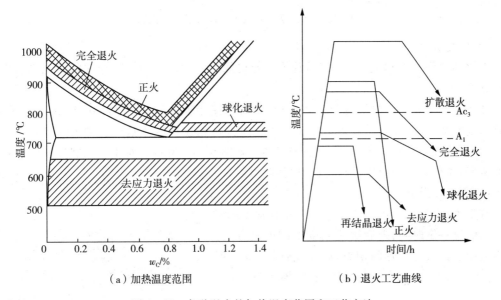

（a）加热温度范围　　　　　（b）退火工艺曲线

图 5-26　各种退火的加热温度范围和工艺方法

(1)完全退火

完全退火是将亚共析钢件加热到 Ac_3 以上 20～30℃,保温一定时间,随炉缓慢冷却到 600℃以下,再出炉在空气中冷却的工艺。

完全退火在加热和保温过程中,使钢的组织全部转变为细小的奥氏体晶粒,并在随后缓冷时转变为细小而均匀的珠光体和铁素体组织。其目的是细化晶粒,消除内应力和组织缺陷,降低硬度,便于切削加工,并为淬火做好组织准备。

完全退火主要用于亚共析成分的碳钢和合金钢的铸件、锻件和轧件。铸件通过完全退火可以细化铸态下的粗大铁素体和珠光体晶粒,从而提高钢的力学性能。

(2)等温退火

将钢加热到 Ac_3 以上 20～30℃(亚共析钢)或 Ac_1～Ac_{cm}(共析钢、过共析钢)某一温度,适当保温后,以较快速度冷却到 Ar_1 以下,恒温一定时间,使奥氏体在恒温中完成转变以降低硬度的退火方法称为等温退火。

等温退火主要用于合金钢。其优点是不仅可以大大缩短退火时间,提高生产效率;而且工件内外都处于同一温度下发生组织转变,所以,获得的组织和性能也比较均匀。高速钢等温退火与普通退火的比较如图 5-27 所示。

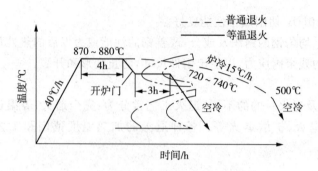

图 5-27 高速钢等温退火与普通退火的比较

（3）球化退火

将钢加热到 Ac_1 以上 20～50℃，保温一定时间，然后缓慢冷却，获得球状珠光体组织的退火方法。

球化退火主要用于共析钢和过共析钢，目的是使渗碳体（或碳化物）球化，以降低硬度，改善切削性能，并为淬火做好组织准备。球化退火得到在铁素体基体上均匀分布着球状渗碳体的组织，称为球状珠光体（或粒状珠光体），如图 5-28 所示。对于有网状二次渗碳体的过共析钢，球化退火前应先进行正火，以消除网状。

（4）再结晶退火

将工件加热到稍低于 Ac_1 的温度，通常 650～700℃，保温一定时间，随后缓冷或空冷的退火方法。它仅适用于经过冷变形的钢材，如冷轧钢板、冷拔钢丝、冷拉钢管和冷冲压件等，用以消除加工硬化，提高塑性。

（5）去应力退火

将钢加热到略低于 Ac_1 的温度，通常 500～600℃，经保温后缓慢冷却的退火方法，称为去应力退火，又称低温退火。

去应力退火的主要目的是消除铸件、锻件、轧件、焊接件、冷冲压件等的残余内应力，消除因机械加工而引起的内应力，使这些钢件在以后的加工和使用过程中尺寸稳定，防止变形或开裂。

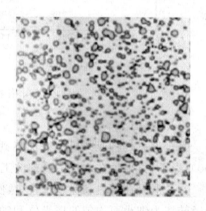

图 5-28 球状珠光体

（6）扩散退火

将钢加热到 Ac_3 以上 150～250℃，通常为 1000～1200℃，保温 10～15h，然后随炉缓冷到 350℃，再出炉冷却。扩散退火的目的是消除铸件的枝晶偏析，使成分均匀化。

但应注意的是，由于加热温度过高，保温时间又较长，扩散退火后组织粗大，因此须进行一次完全退火或正火来细化晶粒。

二、正火

正火是将钢加热到 Ac_1 或 Ac_{cm} 以上 30～50℃，保温一定时间，使奥氏体均匀化，空冷后得到珠光体类（一般为索氏体）的均匀组织（图5-29）。正火与完全退火的主要区别是冷却速度较快，得到的组织较细，能获得更高的强度和硬度；同时生产周期较短，成本较低。

当钢中含碳量为 0.6%～1.4% 时，正火组织只有索氏体；当钢中含碳量低于 0.6% 时，正火后组织除了有索氏体还有少量铁素体。

正火常用于以下几个方面：（1）对于低、中碳钢件常用正火代替退火，既节约能源，又提高生产效率。正火后的钢件可获得优于退火态的综合力学性能。（2）对机械性能要求不高的零件，可用正火作为最终处理。（3）对于过共析钢，若有网状碳化物存在，必须进行正火处理，消除网状碳化物，再进行球化退火。

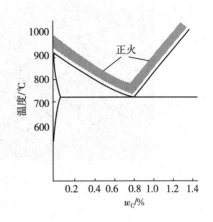

图 5-29　正火加热温度范围

第四节　淬火与回火

钢的淬火与回火是热处理工艺中最重要及用途最广泛的工序。淬火和回火是不可分割、紧密衔接在一起的两种热处理工艺。淬火、回火作为各种零件、工具、模具的最终热处理是赋予钢件最终性能的关键性工序。

一、钢的淬火

淬火就是将钢加热到某一高温（Ac_1 或 Ac_3 以上），保温一段时间后，然后以大于临界冷却速度的速度进行冷却，以获得高硬度的马氏体或下贝氏体的热处理工艺方法。淬火的目的就是获得马氏体（或下贝氏体），以提高钢的力学性能。淬火是钢的最重要的强化方法。

1. 淬火温度

对于亚共析钢，淬火加热温度为 Ac_3 以上 30～50℃，淬火组织为 M，见图 5-30(a)。为什么亚共析钢必须加热到 Ac_3 以上呢？因为亚共析钢在淬火前一般为珠光体加先共析铁素体，如果加热温度低于 Ac_3 即在 Ac_1 和 Ac_3 之间，组织中有残存的铁素体未能溶解。此组织经淬火后得到组织为马氏体和非常软的铁素体。从过往的生产实践得知，加热温度过高，将使奥氏体晶粒粗大，淬火所得马氏体也粗大，造成性能下降。

对于共析钢和过共析钢，淬火加热温度为 Ac_1 以上 30～50℃，淬火后组织为 M+Fe_3C+A′，见图 5-30(b)。如果加热温度高于 Ac_{cm} 以上，碳化物全部溶于奥氏体中，使奥氏体碳含量增加，降低钢的 Ms 和 Mf 点，淬火后残余奥氏体增多，容易得到粗片状马氏体，会降低钢的硬度和耐磨性，使钢的脆性增大，见图 5-31 所示。

（a）45钢（含0.45%C）正常淬火组织　　（b）T12钢（含1.2%C）正常淬火组织

图 5-30　碳钢的正常淬火组织

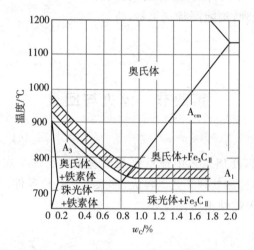

图 5-31　碳钢的淬火加热温度范围

2. 淬火介质

淬火冷却介质是淬火工艺的重要问题。为保证得到 M 组织，淬火冷却速度必须大于 v_k，但快冷不可避免地会造成很大内应力，往往引起工件变形和开裂。理想的冷却介质应只在 C 曲线鼻尖处快冷，而在 Ms 附近尽量缓冷，以达到既获得马氏体组织，又减小内应力的目的。但目前还没有找到理想的淬火介质。

常用淬火介质是水和油。水的冷却能力强，但在低温条件下冷却能力太大，只使用于形状简单的碳钢件。油较之水要缓慢些，在低温区冷却较慢，但在高温区冷却也较慢，容易得到非 M 组织。

3. 淬火方法

由于目前还没有理想的淬火介质（钢在理想冷却介质中的冷却如图 5-32 所示），因而在实际生产中常采用不同的淬火方法来弥补介质的不足，如图 5-33 所示。

（1）单液淬火法

加热工件在一种介质中连续冷却到室温的淬火方法。如水淬和油淬，这种方法操作简单，易实现自动化。

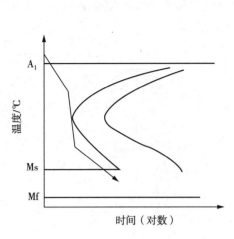

图 5-32　淬火理想冷却过程示意图

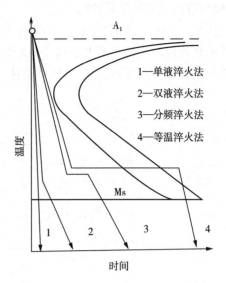

1—单液淬火法
2—双液淬火法
3—分频淬火法
4—等温淬火法

图 5-33　不同淬火方法的工艺曲线

（2）双液淬火法

工件先在一种冷却能力强的介质中冷却，再在另一种冷却能力较弱的介质中发生马氏体转变的方法，如水淬油冷、油淬空冷。优点是冷却理想，缺点是不易掌握。该方法常用于形状复杂的碳钢件及大型合金钢件。

（3）分级淬火法

在 Ms 附近的盐浴或碱浴中淬火，待内外温度均匀后再取出缓冷。可减少内应力，常用于小尺寸工件。

（4）等温淬火法

将工件在稍高于 Ms 的盐浴或碱浴中保温足够长时间，从而获得下贝氏体组织的淬火方法。经等温淬火的零件具有良好的综合力学性能，淬火应力小，适用于形状复杂及要求较高的小型件。

（5）冷处理

是将淬火到室温的钢件继续深冷至零度以下的操作。其目的是使钢中的残留奥氏体进一步向马氏体转变。常用介质为液态空气（-180℃）或干冰（-78℃）。该方法常用于对残留奥氏体量要求严格的合金钢钢件。

二、钢的淬透性

淬透性是钢的主要热处理性能，是选材和制订热处理工艺的重要依据之一。

1. 淬透性

在一定加热和冷却条件下，钢能否被淬透，取决于钢接受淬火的能力——淬透性。淬透性是指钢在淬火时获得淬硬层深度的能力，其大小用规定条件下淬硬层的深度来表示。淬硬层深度是指由工件表面到半马氏体区（50%M＋50%P）的深度。规定条件下淬火后钢的淬透层越深,表明其淬透性越好。

如图 5-34,淬火时,钢表面冷却快,愈向心部冷却速度愈慢,如果钢中心部分冷却速度达到或超过该钢的临界淬火速度,钢件就全部淬成马氏体。如果距钢件表面某一深度的冷却速度小于临界淬火速度时,钢件就不能全部淬成马氏体。

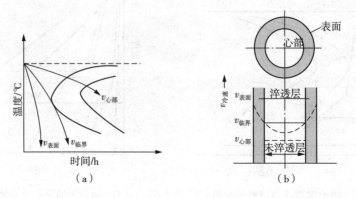

图 5-34 零件截面上各处的冷却速度与未淬透区示意图

应当指出,钢的淬透性与工件的淬透层深度之间虽有密切关系,但二者概念不同。同一材料的淬透层深度与工件尺寸、冷却介质有关。工件尺寸小、介质冷却能力强,淬硬层深。淬透性与工件尺寸、冷却介质无关。它只用于不同材料之间的比较,是通过尺寸、冷却介质相同时的淬硬层深度来确定的。

2. 影响淬透性的因素

钢的淬透性取决于临界冷却速度 v_k,v_k 越小,淬透性越高。v_k 取决于 C 曲线的位置,C 曲线越靠右,v_k 越小。因而凡是影响 C 曲线的因素都是影响淬透性的因素。即除 Co 外,凡溶入奥氏体的合金元素都使钢的淬透性提高;奥氏体化温度高、保温时间长也使钢的淬透性提高。

3. 淬透性与淬硬性的区别

淬硬性是指钢在正常淬火条件下,以超过临界淬火速度冷却所形成的马氏体组织能够达到的最高硬度,它主要与钢的含碳量有关。更确切地说,它取决于淬火加热时固溶于奥氏体中的含碳量。其中,淬透性取决于其本身的内在因素(如化学成分、纯净度、晶粒度、组织均匀性等),与外部因素无关;而钢的淬硬层厚度除取决于淬透性外,还与所采用的淬冷介质、工件尺寸、形貌、质量效应等外部因素有关。

4. 淬透性的测定与表示方法

(1)末端淬火方法

如图 5-35(a)所示,将 $\phi 25 \times 100mm$ 的标准试样奥氏体化后,对其末端进行喷水冷却。试样上距水冷端越远的部分,冷速越低,其硬度也随之下降。将已冷却的试样沿轴向在相对 180° 的两边各磨一深度为 0.2~0.5mm 的窄平面,然后从水冷端开始,每隔一定距离测量一个硬度值,即可得到试样沿轴向的硬度分布曲线,称为钢的淬透性曲线,如图 5-35(b)所示。图 5-35(c)为钢的半马氏体区硬度与其含碳量的关系。利用图 5-35(b) 和图 5-35(c)可以找出相应钢的半马氏体区至水冷端的距离。该距离越大,钢的淬透性越大。由于钢成分的波动,同一钢号的淬透性曲线实际上是一个有一定波动范围的淬透性带。

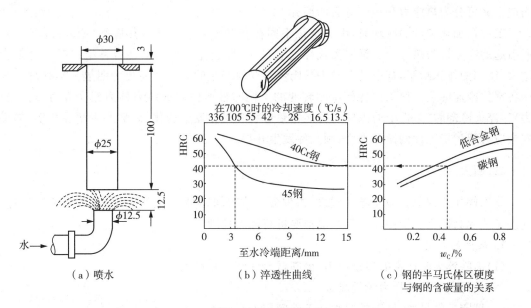

（a）喷水　　　　（b）淬透性曲线　　　　（c）钢的半马氏体区硬度
与钢的含碳量的关系

图 5-35　末端淬火法

根据国家标准 GB 225—2006 规定,钢的淬透性值用 J××d 表示。其中,J 表示末端淬透性,××表示硬度值(常用半马氏硬度 HRC),d 表示半马氏体区到水冷端的距离。

（2）用临界淬透直径法

临界淬透直径是指圆形钢棒在介质中冷却,中心被淬成半马氏体的最大直径,用 D_0 表示。D_0 与介质有关,如 45 钢 $D_{0水}$ 为 16mm,$D_{0油}$ 为 8mm。只有冷却条件相同时,才能进行不同材料淬透性比较,如 45 钢 $D_{0油}$ 为 8mm,40Cr $D_{0油}$ 为 20mm。

4.钢的淬火缺陷

（1）氧化和脱碳

零件加热时,如果周围介质中存在有氧化性气氛(如空气中的 O_2,CO_2,H_2O 等),或氧化性物质,则表面的铁和碳在高温下就会氧化。

钢被氧化的结果,不仅是材料被烧损,表面粗糙,而且氧化皮还影响零件的力学性能、耐腐蚀性能和切削性能。脱碳是指工件表层的碳被氧化烧损而使工件表层碳含量下降的现象。脱碳降低了工件的表面硬度和耐磨性。

在实际生产中,零件的氧化和脱碳经常是同时出现的。对于表面质量要求较高的精密零件或特殊金属材料制造的零件,在热处理过程中应采取真空或保护气氛加热来避免氧化。

（2）过热和过烧

由于加热温度过高或保温时间过长引起晶粒粗化的现象称为过热。一般采用正火来消除过热缺陷。过烧是指由于加热温度过高,致使分布在晶界上的低熔点共晶体或化合物被熔化或氧化的现象。过烧一旦产生是无法挽救的,是不允许存在的缺陷。

（3）变形和开裂

工件淬火后出现形变现象是必然的结果，因为在淬火冷却过程中，必将产生内应力。此内应力又可分为热应力和相变应力两部分。

工件在加热和（或）冷却时，由于部位不同存在着温度差而导致热胀和（或）冷缩不一致所引起的应力称为热应力。钢中奥氏体比容最小，奥氏体转变为其他各种组织时比容都会增大，使钢的体积膨胀，其中尤以发生马氏体转变时产生的体积效应更为明显。热处理过程中各部位冷速的差异使工件各部位相转变的不同时性所引起的应力称为相变应力（组织应力）。淬火冷却时，工件中的内应力可能导致形状和尺寸发生变化，局部产生塑性变形，如果残余应力超过了工件的破坏强度，则工件发生开裂。

二、回火

将工件加热到 Ac_1 以下某一温度，再保温一段时间，然后进行冷却（一般冷至室温）的热处理工艺称为回火。钢件淬火后一般都要进行回火处理。

1. 回火的目的

（1）消除淬火时产生的残余应力，提高材料的塑性和韧性。

（2）获得良好的综合力学性能。

（3）稳定工件尺寸，使钢的组织在工件使用过程中不发生变化。

未经淬火的钢回火无意义，而淬火钢不回火在放置使用过程中易变形或开裂。钢经淬火后应立即进行回火。

2. 回火时组织转变和性能变化

钢淬火后的组织为马氏体和残留奥氏体，它们均为亚稳态组织，有自发向铁素体和渗碳体转变的倾向。下面以高碳马氏体为例，讲述回火转变过程的四个阶段。

（1）马氏体的分解

淬火钢在加热温度低于100℃回火时，钢的组织无变化。100～200℃加热时，马氏体将发生分解，从马氏体中析出ε-碳化物（ε-Fe_xC），使马氏体过饱和度降低。析出的碳化物以细片状分布在马氏体基体上，这种组织称回火马氏体，用$M_回$表示。如图5-36所示，在光镜下$M_回$为黑色，A'为白色。碳含量低于0.2%时，不析出碳化物。只发生碳在位错附近的偏聚。

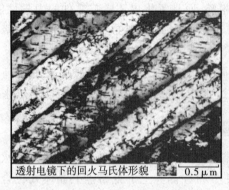
透射电镜下的回火马氏体形貌   0.5μm

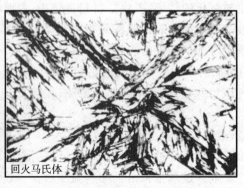
回火马氏体

图5-36　回火马氏体

（2）残余奥氏体分解

200～300℃时，由于马氏体分解，奥氏体所受的压力下降，Ms 上升，A′ 分解为 ε-碳化物和过饱和铁素体，即 M$_{回}$。

（3）ε-碳化物转变为 Fe$_3$C

发生于 250～400℃，此时，ε-碳化物溶解于 F 中，并从铁素体中析出 Fe$_3$C。到 350℃，马氏体含碳量降到铁素体平衡成分，内应力大量消除，M$_{回}$ 转变为在保持马氏体形态的铁素体基体上分布着细粒状 Fe$_3$C 组织，称回火托氏体，用 T$_{回}$ 表示，如图 5-37（a）所示。

（4）Fe$_3$C 聚集长大和铁素体多边形化

400℃以上，Fe$_3$C 开始聚集长大。450℃以上铁素体发生多边形化，由针片状变为多边形。这种在多边形铁素体基体上分布着颗粒状 Fe$_3$C 的组织称回火索氏体，用 S$_{回}$ 表示［见图 5-37（b）］。

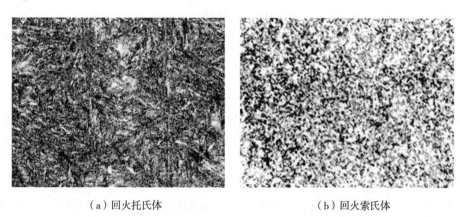

（a）回火托氏体　　　　　　　　　　　（b）回火索氏体

图 5-37　回火托氏体和回火索氏体显微组织

如图 5-38 所示，回火时力学性能变化总的趋势是随着回火温度的提高，钢的强度、硬度下降，塑性、韧性提高。

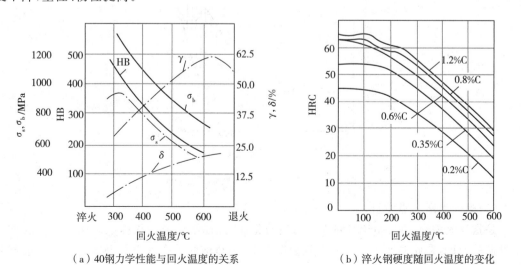

（a）40钢力学性能与回火温度的关系　　　　（b）淬火钢硬度随回火温度的变化

图 5-38　40 钢力学性能与回火温度的关系

200℃以下,由于马氏体中碳化物的弥散析出,钢的硬度并不下降,高碳钢硬度甚至略有提高。200～300℃,由于高碳钢中 A′ 转变为 $M_回$,硬度再次升高。大于 300℃,由于 Fe_3C 粗化,马氏体转变为铁素体硬度直线下降。

4. 回火的分类及应用

根据工件性能要求的不同,按其回火温度的不同,可将回火分为以下几种。

(1)低温回火

低温回火(150～250℃)所得组织为回火马氏体。其目的是在保持淬火的高硬度和高耐磨性的前提下,降低其淬火内应力和脆性,以免使用时崩裂或过早损坏。它主要用于各种高碳的切削刃具、量具、冷冲模具、滚动轴承以及渗碳件等,回火后硬度一般为 50HRC 以上。

(2)中温回火

中温回火(350～500℃)所得组织为回火屈氏体(又叫回火托氏体)。其目的是获得高的屈服强度、弹性极限和较高的韧性。因此,它主要用于各种弹簧和热作模具的处理,回火后硬度一般为 35HRC～50HRC。

(3)高温回火

高温回火(500～650℃)所得组织为回火索氏体。习惯上将淬火加高温回火相结合的热处理称为调质处理,其目的是获得强度、硬度、塑性和韧性都较好的综合机械性能。因此,广泛用于汽车、拖拉机、机床等的重要结构零件,如连杆、螺栓、齿轮及轴类等。回火后硬度一般为 200HB～330HB。

5. 回火脆性

淬火钢的韧性并不总是随温度升高而提高。在某些温度范围内回火时,会出现冲击韧性下降的现象,称回火脆性。如图 5-39 所示。

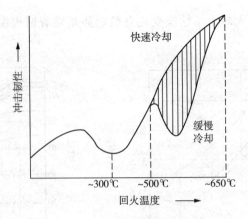

图 5-39 冲击韧性与回火温度的关系

(1)第一类回火脆性

是指淬火钢在 250～350℃回火时出现的脆性,又称不可逆回火脆性。这种回火脆性是不可逆的,只要在此温度范围内回火就会出现脆性,目前尚无有效消除办法。回火时应避开这一温度范围。

（2）第二类回火脆性

是指淬火钢在 500～650℃ 回火后缓冷时出现的脆性，又称可逆回火脆性。这类回火脆性主要发生在含 Cr，Ni，Si，Mn 等合金元素的结构钢中。如果回火后快冷则不出现这类脆性。此外，在钢中加入合金元素 W（约 1％）、Mo（约 0.5％）也可有效抑制这类回火脆性的产生，这种方法更适用于大截面的零部件。

第五节　钢的表面热处理和其他热处理

齿轮、凸轮、曲轴及各种轴类等零件在扭转、弯曲等交变载荷下工作，并承受摩擦和冲击，其表面要比心部承受更高的应力。因此，要求零件表面具有高的强度、硬度和耐磨性，要求心部具有一定的强度及足够的塑性和韧性。

一、钢的表面淬火

钢的表面淬火（图 5-40）是使零件表面获得高的硬度、耐磨性和疲劳强度，而心部仍保持良好塑性和韧性的一类热处理方法。依加热方法的不同，钢的表面淬火主要分为感应加热表面淬火、火焰加热表面淬火、电接触加热表面淬火，以及近年来新发展起来的激光加热表面淬火、电子束加热表面淬火等。下面介绍感应加热表面淬火和火焰加热表面淬火。

（a）火焰加热　　　　　　　　　　　（b）感应加热

图 5-40　表面淬火

1. 感应加热表面淬火

（1）感应加热表面淬火的原理

感应加热表面淬火是利用电磁感应原理，在工件表面产生大感应电流（涡流），使表面迅速加热到奥氏体状态，随后快速冷却获得马氏体的淬火方法。如图 5-41 所示，当感应圈中通过一定频率的交流电时，其内外将产生频率相同的交变磁场。若将工件放入感应圈内，在交变磁场作用下，工件内就会产生与感应圈中的电流频率相同而方向相反的感应电流。由于感应电流沿工件表面形成封闭回路，故称为涡流。涡流在被加热工件中的分布由表面至心部呈指数规律衰减，因此，涡流主要分布于工件表面，工件内部几乎没有电流通过。这种现象叫作集肤效应。感应加热就是利用电磁感应和集肤效应，通过表面强大电流的热效应

把工件表面迅速加热到淬火温度的。对于碳
钢,存在以下表达式关系:

$$\delta = \frac{500}{\sqrt{f}}$$

式中,δ 为电流透入深度(单位为 mm);f 为
电流频率(单位为 Hz)。可见,感应电流频率
f 越高,电流透入深度越小,工件加热层也就
越薄。如图 5 - 42 所示为感应加热表面淬火
齿轮的截面图。

(2)感应加热的分类

常用的有三种感应加热淬火方法,即高
频、中频、工频感应加热淬火,这是根据感应
加热的电流频率不同而分类的。

高频感应加热表面淬火:常用电流频率
为 80～1000kHz,可获得的表面硬化层深度
为 0.5～2mm,主要用于中小模数齿轮和小
尺寸轴类的表面淬火。

中频感应加热表面淬火:常用电流频率
为 2500～8000Hz,可获得的表面硬化层深度

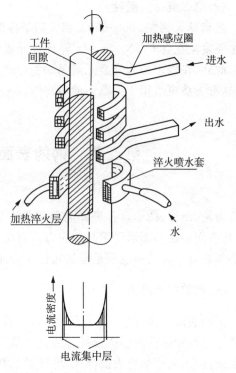

图 5 - 41　感应加热表面淬火原理示意图

为 3～6mm,主要用于要求淬硬层较深的零件,如发动机曲轴、凸轮轴、大模数齿轮、较大尺寸
的轴和钢轨的表面淬火。

工频感应加热表面淬火:常用电流频率为 50Hz,可获得 10～15mm 以上的硬化层深度,
适用于大直径钢材的穿透加热及要求淬硬层深的大工件的表面淬火。

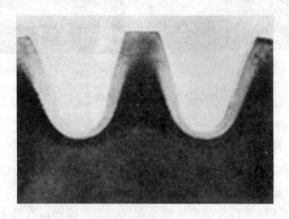

图 5 - 42　感应加热表面淬火齿轮的截面图

(3)感应加热表面淬火的特点

① 感应加热升温速度快,保温时间极短。和一般淬火相比,淬火加热温度高,过热度
大,奥氏体形核多,又不易长大,因此淬火后表面得到细小的隐晶马氏体,故感应加热表面淬

火工件的表面硬度比一般淬火的高 2HRC～3HRC。

② 感应加热表面淬火后,工件表层强度高。由于马氏体转变产生体积膨胀,故在工件表层产生很大的残余压应力,因此可以显著提高其疲劳强度并降低缺口敏感性。

③ 感应加热表面淬火后,工件的耐磨性比普通淬火的高。这显然与奥氏体晶粒细化、表面硬度高及表面压应力等因素有关。

④ 感应加热表面淬火件的冲击韧度与淬硬层深度和心部原始组织有关。同一钢种淬硬层深度相同时,原始组织为调质态比正火态冲击韧度高;原始组织相同时,淬硬层深度增加,冲击韧度降低。

⑤ 感应加热淬火时,由于加热速度快,无保温时间,工件一般不产生氧化和脱碳。又因工件内部未被加热,故工件淬火变形小。

⑥ 感应加热淬火的生产率高,便于实现机械化和自动化,淬火层深度易于控制,适于形状简单的机器零件的批量生产,应用广泛。

2. 火焰加热表面淬火

火焰加热表面淬火是指用乙炔-氧或煤气-氧等火焰加热工件表面,然后进行淬火,如图5-43所示。

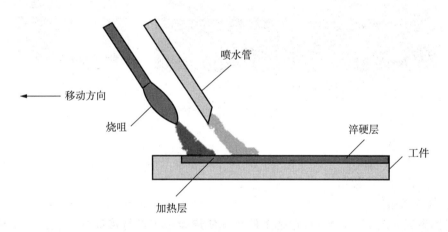

图 5-43　火焰加热表面淬火示意图

火焰加热表面淬火特点:设备简单、操作方便、成本低。淬火质量不稳定,适于单件、小批量及大型零件的生产,例如大型齿轮、轴、轧辊、车床床身导轨等的表面淬火。

二、钢的化学热处理

化学热处理是将钢件置于一定温度的活性介质中保温,使一种或几种元素渗入它的表面,改变其化学成分和组织,达到改进表面性能,满足技术要求的热处理过程。与表面淬火相比,化学热处理不仅改变钢的表层组织,还改变其化学成分。化学热处理也是获得表硬里韧性能的方法之一。

根据表面渗入元素不同,化学热处理可分为渗碳、渗氮、碳氮共渗、渗硼等。目前生产上应用最广的化学热处理工艺是渗碳、渗氮和碳氮共渗。化学热处理过程可分为三个相互衔接而又同时进行的阶段。一是分解,即在一定温度下,活性介质分解出能渗入工件的活性原子;二是吸收,即工件表面吸收活性原子,并溶入工件材料晶格的间隙或与其中元素形成化合物;三是扩散,即被吸收的原子由表面逐渐向心部扩散,从而形成具有一定深度的渗层。

1. 渗碳

为了增加钢件表层的含碳量和一定的碳浓度梯度,将钢件在渗碳介质中加热并保温使碳原子渗入表层的化学热处理工艺。渗碳用钢为低碳钢和低合金钢(w_C 为 0.10% ~ 0.25%),如 20,20Cr,20CrMnTi 等。渗碳的目的是提高表面的硬度、耐磨性及疲劳强度,而心部仍保持足够的韧性和塑性,因此其主要用于同时受磨损和较大冲击载荷的零件,例如变速齿轮、活塞销、套筒及要求很高的喷油泵构件等。常见的渗碳装置有可控气氛渗碳炉和渗碳回火炉等,如图 5-44 所示。

（a）可控气氛渗碳炉　　　　　　　　　　（b）渗碳回火炉

图 5-44　常见渗碳装置

(1)渗碳方法

工业生产上目前常用气体渗碳和固体渗碳。为提高渗碳效率和质量,真空渗碳、离子渗碳等新技术正在推广应用。

① 气体渗碳

气体渗碳如图 5-45 所示,它是工件在气体渗碳剂中进行渗碳的工艺。将工件放入渗碳炉内,密封后通入渗碳气体,如煤气、液化石油气等,或是滴入易分解的有机液体,如煤油、甲醇、丙酮等,这些渗碳介质在高温下分解,通过下列反应生成活性碳原子:

$$C_nH_{2n} \longrightarrow nH_2 + n[C]$$

$$2CO \longrightarrow CO_2 + [C]$$

$$CO + H_2 \longrightarrow H_2O + [C]$$

活性碳原子溶入高温奥氏体,被工件表面吸收,向内部扩散,形成渗碳层。气体渗碳时间短,生产效率高,质量好,渗碳过程容易控制,是应用最普遍的渗碳方法。

② 固体渗碳

固体渗碳是将工件放在填充粒状渗碳剂的密封箱中进行渗碳的工艺。固体渗碳剂通常由供碳剂(木炭、焦炭)和催渗剂(一般为碳酸盐,如 $BaCO_3$ 或 Na_2CO_3)混合而成,催渗剂用量为渗碳剂总量的 15%～20%。渗碳过程中的反应如下：

$$BaCO_3 \longrightarrow BaO + CO_2$$

$$CO_2 + C(炭粒) \longrightarrow 2CO$$

在渗碳温度下 CO 不稳定，CO 被钢的表面吸附、催化，产生反应 $2CO \longrightarrow [C] + CO_2$，活性碳原子渗入钢件，$CO_2$ 通过扩散离开钢件表面。

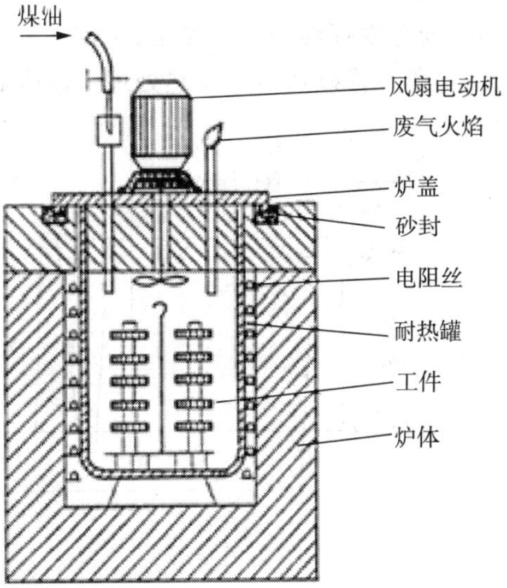

固体渗碳的优点是设备简单，操作容易。但渗碳速度慢，生产率低，劳动条件差且质量不易控制，目前除零星或小批量渗碳外已不常用。

③ 真空渗碳

将工件放入真空渗碳炉中，抽真空后通入渗碳气体加热渗碳。真空渗碳的优点是表面质量好，渗碳速度快。

（2）渗碳工艺参数

渗碳的主要工艺参数是加热温度和保温时间。渗碳温度一般在 900～950℃，温度高渗碳速度快，但过高会使晶粒粗大。同一渗碳温度下，渗层厚度随保温时间延长而增加。渗碳后表面含碳量以 0.85%～1.05% 为宜，含碳量过低，表面耐磨性差；含碳量过高渗层变脆，易剥落。低碳钢渗碳缓冷后得到的组织如图 5-46 所示，表层为珠光体和网状二次渗碳体的过共析组织，心部为珠光体和铁素体的亚共析组织，中间是过渡区。

图 5-45 气体渗碳示意图
（煤油、风扇电动机、废气火焰、炉盖、砂封、电阻丝、耐热罐、工件、炉体）

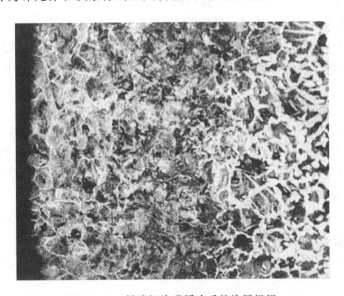

图 5-46 低碳钢渗碳缓冷后的渗层组织

（3）渗碳后的热处理及组织

为了充分发挥渗碳层的作用，使零件表面获得高硬度和高耐磨性，心部保持足够的强度和韧性，零件在渗碳后需进行热处理。渗碳后的淬火方法有三种，如图 5-47 所示。

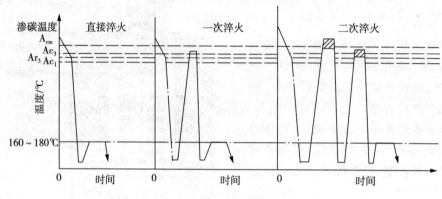

图 5-47　渗碳后的热处理示意图

① 直接淬火

对于本质细晶粒钢或耐磨性、承载能力要求较低的工件，渗碳后随炉或在空气中预冷到 800～860℃直接淬火。这种方法操作简单，成本低，效率高，但由于淬火温度高，晶粒易粗化。

② 一次淬火

一次淬火适用于对组织性能要求较高的零件，应用十分广泛。使用一次淬火法时，工件渗碳后空冷至室温，然后再重新加热淬火。淬火温度的选择要兼顾表面和心部的要求。

③ 二次淬火

工件先空冷至室温，然后分别对心部（Ac_3＋40℃）和表层（Ac_1＋50℃）进行淬火强化。该法工艺复杂、成本高，除受力较大、表面磨损严重、性能要求高的零件外，一般较少使用。

渗碳件淬火后，须进行低温回火（150～200℃），以降低淬火应力和脆性。回火后表层组织由回火马氏体、颗粒状碳化物及少量残余奥氏体组成，硬度为58HRC～64HRC，具有很高的耐磨性。

2. 渗氮

渗氮是在 Ac_1 温度下，使活性氮原子渗入钢件表层的化学热处理工艺。渗氮用钢通常是含 Cr，Mo，Al，V 等合金元素的钢，因为这些合金元素易与氮形成高度弥散、硬度高而稳定的氮化物，如 CrN，MoN，AlN 等。38CrMoAl 是广泛应用的渗氮钢，各种类型钢，如 42CrMo，18Cr2Ni4WA，5CrNiMo，1Cr18Ni9Ti 等都可进行渗氮。

工件渗氮前一般均经过调质处理，以保证心部的力学性能，而渗氮后无须再热处理。通常采用的渗氮工艺有气体渗氮和离子渗氮两种。

气体渗氮常在专用井式渗氮炉中进行，利用氨气受热分解来提供活性氮原子，反应式为：

$$2NH_3 \longrightarrow 3H_2 + 2[N]$$

活性氮原子被工件表面吸收,溶解于铁素体中,并不断向内部扩散。当铁素体中氮含量超过溶解度后,便形成氮化物。

离子氮化法是在电场作用下,使电离的氮离子高速冲击作为阴极的工件。离子氮化设备如图5-48所示。与气体氮化相比,离子氮化氮化时间短,氮化层脆性小;渗氮温度低(通常500~570℃),变形小;氮化时间长,氮化层较浅(一般不超过0.6~0.7mm),如渗氮20~50h才能得到0.3~0.5mm的氮化层。由于表面形成坚硬稳定的氮化物,硬度高(1000HV~1100HV,相当于70HRC左右),而且耐磨性、热硬性和耐蚀性也很好。氮化件在工件表面体积膨胀所造成的残余压应力,使疲劳强度提高。

图5-48 离子氮化炉

但是氮化的生产率低、成本高,并需要专门的氮化钢,因此只用于处理要求高硬度、高耐磨性和高精密度的零件,如镗床镗杆、精密传动齿轮及分配式油泵转子等零件。

3. 碳氮共渗(软氮化)

碳氮共渗是在一定温度下同时将碳、氮渗入工件表层奥氏体中并以渗碳为主的化学热处理工艺。生产上曾用的液体介质的主要成分是氰盐(NaCN),故液体碳氮共渗亦称为氰化。因为氰盐的毒性很大,现在生产上很少使用。

软氮化通常在500~570℃下进行,时间为1~5h,氮碳共渗层深度为0.01~0.02mm,硬较低,一般为500HV~900HV。常以尿素为共渗介质,它在低温加热分解的氮原子比碳原子多,氮原子在铁素体中的溶解度比碳原子大,故以渗氮为主。

与渗碳相比,碳氮共渗加热温度低、时间短、零件变形小,耐磨性、疲劳强度和耐蚀性也较好。生产上碳氮共渗常代替渗碳,多用于处理汽车或机床上的齿轮、凸轮、蜗杆、涡轮和活塞销等零件。

此外,钢铁工件表面通过渗硫处理,形成FeS薄膜,可达到降低摩擦系数,提高抗咬合性能的目的。渗金属(如Al,Cr,Ti,Zn,Co等)可使工件具有特殊的物理、化学性能或强化表面。例如,渗锌使工件耐大气腐蚀,渗铝可提高工件高温抗氧化能力等,渗铬使表面具有较好的耐蚀性和优良的抗氧化性、硬度和耐磨性也相当好。

二、其他热处理技术

当代热处理技术的发展,主要体现在清洁热处理、精密热处理、节能热处理和少无氧化热处理等方面。先进的热处理技术可大幅度提高产品质量和延长使用寿命,故热处理新技术、新工艺的研究和开发备受关注。近年来计算机技术已用于热处理工艺控制。

1. 真空热处理

真空热处理是指在低于大气压力(通常10^{-3}~10^{-1}Pa)的环境中进行的热处理工艺,包括真空淬火、真空退火、真空化学热处理等。真空热处理零件不氧化、不脱碳、表面光洁美观；升温慢，热处理变形小；可显著提高疲劳强度、耐磨性和韧性；表面氧化物、油污在真空加热时分解，被真空泵排出，劳动条件好。但是真空热处理设备复杂，投资和成本高。目前主要用于工模具和精密零件的热处理。

2. 可控气氛热处理

可控气氛热处理是在成分可控制的炉气中进行的热处理。其目的是有效地进行渗碳、碳氮共渗等化学热处理，或防止工件加热时的氧化、脱碳。还可用于低碳钢的光亮退火及中、高碳钢的光亮淬火。通过建立气体渗碳数学模型、计算机碳势优化控制及碳势动态控制，可实现渗碳层浓度分布的优化控制及层深的精确控制，大大提高生产率。国外已经广泛用于汽车、拖拉机零件和轴承的生产，国内也引进成套设备，用于铁路、车辆轴承的热处理。

3. 形变热处理

形变热处理是将塑性变形与热处理有机结合的复合工艺。它能同时发挥形变强化和相变强化的作用，提高材料的强韧性，而且还简化工序、降低成本、减少能耗和材料烧损。

(1)高温形变热处理

将钢加热到奥氏体区内后进行塑性变形，然后立即淬火、回火的热处理工艺，又称高温形变淬火。例如热轧淬火、锻热淬火等。与普通热处理比较，此工艺能使强度提高 $10\% \sim 30\%$，使塑性提高 $40\% \sim 50\%$，韧性成倍提高。它适用于形状简单的零件或工具的热处理，如连杆、曲轴、模具和刀具等。

(2)低温形变热处理

将钢加热到奥氏体区后急冷至 Ar_1 以下，进行大量塑性变形，随即淬火、回火的工艺，又称亚稳奥氏体的形变淬火。与普通热处理比较，此工艺在保持塑性、韧性不降低的情况下，可大幅度提高钢的强度和耐磨性，适用于具有较高淬透性、较长孕育期的合金钢。

形变热处理主要受设备和工艺条件限制，应用还不普遍，对形状比较复杂的工件进行形变热处理尚有困难，形变热处理后对工件的切削加工和焊接也有一定影响。

4. 表面气相沉积

气相沉积是利用气相中发生的物理、化学过程，在工件表面形成具有特殊性能的金属或化合物涂层。按照过程的本质可将气相沉积分为化学气相沉积和物理气相沉积两大类。

(1)化学气相沉积(CVD)

化学气相沉积是利用高温下气态物质在固态工件表面进行化学反应，生成固态沉积物的过程。碳素工具钢、渗碳钢、轴承钢、高速钢、铸铁及硬质合金等都可以进行气相沉积。

目前在工业上常用作为 CVD 沉积覆层的材料有 TiC，TiN，TiC，Al_2O_3 等。尤其是前三种，它们具有很高的硬度($2000HV \sim 4000HV$)、较低的摩擦系数、优异的耐磨性和良好的黏着抗力。CVD 法覆层厚度较为均匀，膜厚一般为 $0.3 \sim 1.8mm$，具有相当优越的耐腐蚀性。可以处理小孔和深槽，设备比较简单，此外沉积覆层的切削性能极好，可进行高速切削。化学气相沉积的缺点是反应温度高，需通入大量氢气，且排出的气体有毒，必须注意通风及防止污染。

（2）物理气相沉积（PVD）

物理气相沉积是通过蒸发、电离或溅射等过程,产生金属离子沉积在工件表面,形成金属涂层或与反应气反应形成化合物涂层。它具有沉积温度低、沉积速度快、渗层成分和结构可控制、无公害等特点。PVD法不仅可对钢铁材料进行表面处理,还可对纸张、塑料、玻璃、陶瓷等非金属进行表面镀膜。

PVD方法较多,应用较多的有真空溅射、磁控溅射、真空蒸镀、离子镀等。溅射法可以沉积各种导电材料,包括纯金属、合金或化合物。高频溅射还可以处理非导体材料。把反应气体引入溅射室内可进行反应性溅射。例如引入氮气或氧气,可分别用金属钛和铝产生TiN 和 Al_2O_3 沉积层。

习　题

5-1　何谓热处理? 其主要环节是什么? 热处理的作用是什么?

5-2　过冷奥氏体的转变产物有哪几种类型? 比较这几种转变类型的异同点。

5-3　试比较共析钢的C曲线和连续冷却曲线的异同点。

5-4　共析钢的C曲线和冷却曲线如图5-49所示,试指出各点处的组织。

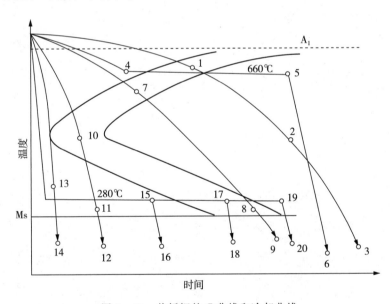

图 5-49　共析钢的 C 曲线和冷却曲线

5-5　正火与退火的主要区别是什么,如何选用?

5-6　淬透性和淬硬性、淬透层深度有何区别?

5-7　为什么亚共析钢的正常淬火加热温度范围为 Ac_3 以上 30～50℃,而过共析钢的正常淬火加热温度为 Ac_1 以上 30～50℃?

5-8　简述回火的分类、目的、组织性能及其应用范围。

5-9　什么是钢的回火脆性? 如何防止第一、第二类回火脆性?

5-10　用 T10 钢制造形状简单的车刀,其工艺路线为:

锻造→热处理①→机械加工→热处理②→磨加工

(1)写出①②热处理工序的名称并指出各热处理工序的作用；

(2)指出最终热处理后的显微组织及大致硬度。

5-11 确定下列钢件的退火方法，并指出退火目的及退火后的组织。

(1)经冷轧后的15钢钢板，要求降低硬度；

(2)ZG270-500的铸造齿轮；

(3)锻造过热的60钢锻坯；

(4)具有片状渗碳体的T12钢坯。

5-12 钢件渗碳后还要进行何种热处理？处理前后表层与心部组织有何不同？

5-13 甲、乙两厂生产同一零件，均选用45钢，硬度要求220HB～250HB，甲厂采用正火，乙厂采用调质处理，均能达到硬度要求，试分析甲、乙两厂产品的组织和性能差别。

第六章　金属的塑性变形与再结晶

金属材料在加工和使用过程中会因受外力作用而发生变形,其在外力作用下,发生不可恢复的变形为塑性变形。塑性变形及其随后的加热对金属材料的组织和性能有着显著的影响。了解塑性变形的本质,塑性变形及加热时组织的变化,有助于发挥金属的性能潜力,确定正确的加工工艺。这类利用塑性变形而使材料成形的加工方法,统称为塑性加工。

因此,研究金属的塑性变形,对于选择金属材料的加工工艺、提高生产率、改善产品质量、合理使用材料等都有重要意义。

第一节　单晶体金属的塑性变形

工程上应用的金属材料通常是多晶体,但多晶体的变形与组成多晶体晶粒的形变有关。因此,我们首先分析单晶体的塑性变形,然后分析多晶体的塑性变形,以及冷热变形和金属的超塑性。

金属的塑性变形主要以滑移和孪生的方式进行。

1. 滑移

单晶体金属产生宏观塑性变形实际上是金属沿着某些晶面和晶向发生切向滑动,这种切向滑动称为滑移。发生滑移的晶面称为滑移面,滑移面上与滑移方向一致的晶向称为滑移方向。滑移面通常是原子密度最大的晶面,滑移方向是滑移面上原子密度最大的方向。图6-1所示为不同原子密度晶面间的距离,晶面Ⅰ的原子密度大于晶面Ⅱ,由几何关系可知晶面Ⅰ之间的距离也大于晶面Ⅱ。在外力作用下,晶面Ⅰ会首先开始滑移。

一个滑移面和该面上的一个滑移方向构成一个滑移系,滑移系表示晶体中一个滑移的空间位向。在通常情况下,

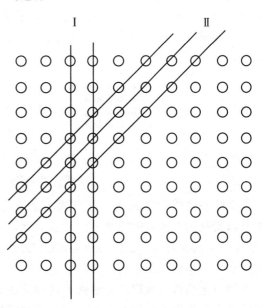

图6-1　滑移面示意图

晶体的滑移系越多,可提供滑移的空间位向也越多,金属的塑性变形能力也越大。金属的晶

体结构决定了滑移系的多少。金属常见的三种晶格的滑移系见表 6-1。

表 6-1　三种常见金属的滑移系

晶　　格	体心立方	面心立方	密排六方
滑移面	{110}6 个	{111}4 个	六方底面 1 个
滑移方向	⟨111⟩2 个	⟨110⟩3 个	底面对角线 3 个
晶格类型简图			
滑移系数目	6×2=12	4×3=12	1×3=3

　　滑移系越多,在其他条件(如变形温度、应力条件等)基本相同的情况下,该金属的塑性越好,特别是其中滑移方向对塑性变形起的作用比滑移面更大。因此面心立方晶格金属要比体心立方晶格金属塑性好,而密排六方晶格金属塑性相对更差。

　　图 6-2 是单晶体金属滑移示意图,τ 是作用于滑移面两侧晶体上的切应力,通常它只是金属所受的宏观外应力的分力,所以称为分切应力。当分切应力增大并超过某一临界值,即近似等于滑移面两侧原子间的结合力时,滑移面两侧的晶体就会产生滑移。使晶体发生滑移的最小分切应力称为临界分切应力 τ_c,τ_c 是与金属成分、微观组织结构等因素有关的常数。

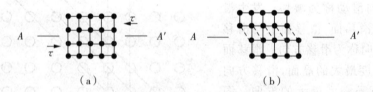

图 6-2　单晶体金属滑移示意图

　　在实际晶体模型中,塑性变形实质上是位错的连续运动(图 6-3),而不是像理想晶体模型那样以滑移面两侧晶体的整体同时相对运动,因而受外力作用时单个位错很容易产生运动,称为位错的易动性。正因为如此,在位错密度不是太高时,含有位错的实际金属晶体就很容易在外力作用下发生塑性变形。

　　上述对单晶体金属塑性变形微观过程的简要介绍可以清楚地说明,金属晶体塑性变形的实质是在分切应力作用下产生位错的连续运动,从而使金属沿一定的滑移面和滑移方向发生滑移。这对我们正确认识和深入理解金属的塑性变形及其对金属微观组织和性能的影响都具有重要意义。

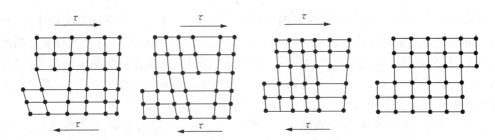

图 6-3　刃型位错在晶体中的运动过程示意图

2. 孪生

孪生是金属晶体进行冷塑性变形的另一种方式,是原子面彼此相对切变的结果,常作为滑移不易进行时的补充。一些密排六方的金属如镉、镁、锌等常发生孪生变形。体心立方及面心立方结构的金属在形变温度较低、形变速率极快时,也会通过孪生方式进行塑性变形。

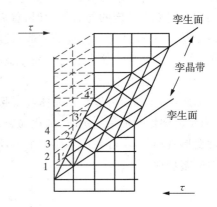

图 6-4　孪生变形过程示意图

孪生是指发生在晶体内部的均匀切变过程,总是沿晶体的一定晶面(孪晶面),沿一定方向(孪生方向)发生。孪生发生时,每相邻原子间的相对位移是原子间距的分数倍,变形后晶体的变形部分与未变形部分以孪晶面为分界面构成了镜面对称的位向关系。如图 6-4 所示,孪生变形会引起晶格位向发生变化。孪生变形是孪生带处众多原子协同动作的结果,所以孪生变形的速度极快,接近声速。

第二节　多晶体金属的塑性变形

大多数金属材料是由多晶体组成的。多晶体的塑性变形虽然是以单晶体的塑性变形为基础的,但取向不同的晶粒彼此之间的约束作用,以及晶界的存在会对塑性变形产生影响,所以多晶体塑性变形还有自己的特点。

1. 晶粒取向对塑性变形的影响

多晶体中各个晶粒的取向不同,在大小和方向一定的外力作用下,各个晶粒中沿一定滑移面和一定滑移方向上的分切应力并不相等,因此,在某些取向合适的晶粒中,分切应力有可能先满足滑移的临界应力条件而产生位错运动,这些晶粒的取向为“软位向”。与此同时,另一些晶粒由于取向导致其不能满足滑移的临界应力条件而不会发生位错运动,这些晶粒的取向称为“硬位向”。在外力作用下,金属中处于软位向的晶粒中的位错首先发生滑移运动,但是这些晶粒变形到一定程度后就会受到处于硬位向、尚未发生变形的晶粒的阻碍,只有当外力进一步增加时才能使处于硬位向的晶粒也满足滑移的临界应力条件,产生位错运动从而出现均匀的塑性变形。

在多晶体金属中,由于各个晶粒取向不同,一方面使塑性变形表现出很大的不均匀性,另一方面也会产生强化作用。同时,在多晶体金属中,当各个取向不同的晶粒都满足临界应力条件后,每个晶粒既要沿各自的滑移面和滑移方向滑移,又要保持多晶体的结构连续性,所以实际的滑移形变过程比单晶体金属复杂、困难得多。在相同的外力作用下,多晶体金属的塑性形变量一般比相同成分单晶体金属的塑性形变量小。

在多晶体中,像铜、铝这样一些面心立方结构的金属由于结构简单、对称性良好,即便是处于多晶体形态时也仍然有很好的塑性;而像镁、锌这样一些具有密排六方结构以及对称性较差的结构的金属处于多晶态时,其塑性就要比单晶体形态差很多。

2. 晶界对塑性形变的影响

在多晶体金属中,晶界原子的排列是不规则的,局部晶格畸变十分严重,还容易产生杂质原子和空位等缺陷的偏聚。当位错运动到晶界附近时,就会受到晶界的阻碍。在常温下多晶体金属受到一定的外力作用时,首先在各个晶粒内部产生滑移或位错运动。只有外力进一步增大后,位错的局部运动才能通过晶界传递到其他晶粒形成连续的位错运动,从而出现更大的塑性变形。这表明与单晶体金属相比,多晶体金属的晶界可以起到强化作用。

金属晶粒越细小,晶界在多晶体中的体积百分比越大,它对位错运动产生的阻碍也越大。因此,细化晶粒可以对多晶体金属起到明显强化作用。同时,在常温和一定的外力作用下,当总的塑性变形量一定时,细化晶粒后可以使位错在更多的晶粒中产生运动,这就会使塑性变形更均匀,不容易产生应力集中,所以细化晶粒在提高金属强度的同时也改善了金属材料的塑韧性。

第三节　冷塑性变形对金属组织和性能的影响

金属及合金的塑性变形不仅是一种加工成形的工艺手段,而且也是改善合金性质的重要途径,因为通过塑性变形后,金属和合金的显微组织将产生显著的变化,其性能亦受到很大的影响。

一、塑性变形对金属组织的影响

1. 形成纤维组织

多晶体金属和合金,随着形变量的增加,原来等轴状的晶粒将沿其变形方向(拉伸方向和轧制方向)伸长。当形变量很大时,晶界逐渐变得模糊不清,一个一个细小的晶粒难以分辨,只能看到沿变形方向分布的纤维状条带,通常称为纤维组织或流线(图 6-5)。在这种情况下,金属和合金沿流线方向上的强度很高,而在其垂直的方向则有相当大的差别。

2. 晶粒内部产生亚结构

亚结构一般是指晶粒内部的位错组态及其分布特征。在金属塑性变形的过程中,晶体的位错密度 ρ(界面上单位面积中位错线的根数,或单位面积中位错线的总长度)显著增加,一般退火的金属 ρ 为 $10^6 \sim 10^7$ 个/cm^2,而经过强烈的冷塑性变形后增至 $10^{11} \sim 10^{12}$ 个/cm^2。随着 ρ 的增加,位错的分布并不是均匀的,位错线在某些区域聚集,而在另一些区域则较少,

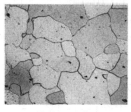

（a）正火态　　　　　　　　（b）变形40%　　　　　　　　（c）变形80%

图6-5　工业纯铁在塑性变形前后的组织变化（400×）

从而形成胞状结构。随着形变量的进一步增大，位错胞的数量增多，尺寸减小，使晶粒分化成许多位向略有不同的小晶块，在晶粒内产生亚结构，如图6-6所示。

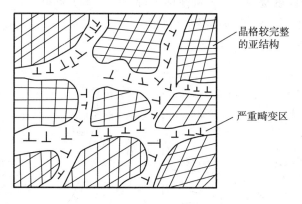

图6-6　金属变形后的亚结构

3. 织构现象

在多晶体变形过程中，每个晶粒的变形会受到周围晶粒的约束，为了保持晶体的连续性，各晶粒在变形的同时会发生晶体的转动。在多晶体中，每个晶粒的取向是任意的，当金属发生塑性变形时，各晶粒内的晶面会按一定的方向转动。当塑性变形量很大时（70%以上），绝大多数晶粒的某一方位（晶面或晶向）将与外力方向大体趋向一致，这种有序化结构称为形变织构，如图6-7所示。

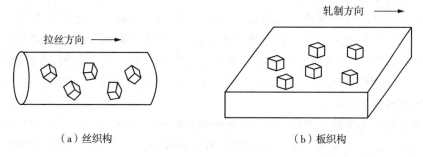

（a）丝织构　　　　　　　　　　　　　（b）板织构

图6-7　形变织构示意图

织构形成后，会使金属的各种性能呈现出明显的各向异性，这种各向异性用热处理方法难以消除，在一般情况下对加工成型是不利的。例如，用具有形变织构的轧制金属板拉延筒形工件时,由于材料的各向异性,引起变形不均匀,会出现所谓的"制耳"现象,见图6-8。但是在某些情况下,织构却是有利的。例如,制造变压器铁芯的硅钢片,有意使特定的晶面和晶向平行于磁感线方向,可以提高变压器铁芯的磁导率,减少磁滞损耗,使变压器的效率大为提高。

二、塑性变形对金属性能的影响

塑性变形引起金属组织结构的变化,也必然引起金属性能的变化。

1. 产生加工硬化

金属在发生塑性变形时,随着冷变形量的增加,金属出现强度和硬度提高,塑性和韧性下降的现象称为加工硬化。图6-9为典型材料强度、塑性与变形量的关系。

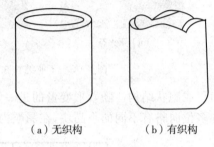

（a）无织构　　　　（b）有织构

图6-8　冷冲压的刺耳现象

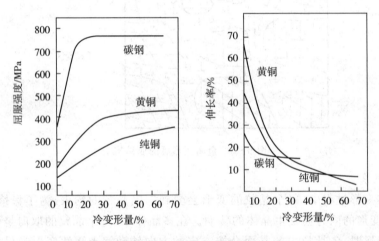

图6-9　强度、塑性与形变量的关系

加工硬化现象具有很重要的现实意义。首先,可利用加工硬化来提高金属的强度与硬度。这对于那些不能用热处理方法强化的金属材料,如某些铜合金和铝合金等尤其重要。当然这种强化是以降低材料的塑性和韧性为代价的。其次,加工硬化使得金属的塑性变形更为均匀。这是由于金属已变形部分的强度会提高,继续变形将在未变形或变形量少的部分进行。因此,加工硬化使得金属制品能够用塑性变形方法成形。例如,冷拉钢丝时,由于加工硬化,因此能得到粗细均匀的钢丝。再次,加工硬化还可以在一定程度上提高金属零件和构件在使用过程中的安全性。

但是加工硬化也有其不利的一面,如会使金属的塑性降低,变形抗力增加,给金属的进一步冷变形加工带来困难等。例如,钢丝在冷拉过程中会越拉越硬,当形变量继续增加就会拉断。因此,需安排中间退火工序,通过加热消除加工硬化,恢复其塑性。

2. 残余内应力

塑性变形是一个复杂的过程,不仅使金属的外形改变,也会引起金属内部组织结构的诸多变化，而形变在金属的内部总不可能是均匀的，这就必然在金属的内部造成残余内应力。金属在塑性变形时，外力所做的形变功除大部分转变成热能外，约占形变功10%的另一小部分则以畸变能的形式储存在金属中，主要以点阵畸变能的形式存在，残余内应力即是点阵畸变的一种表现。残余内应力一般分为三类：

（1）第一类内应力（宏观内应力）

这种内应力是由于不同区域的宏观变形不均匀所引起的。宏观内应力在较大的范围中存在，一般是不利的，应予以防止或消除。

（2）第二类内应力（微观内应力）

这种内应力存在于晶粒与晶粒之间，是由于各晶粒形变程度的差别而造成的，其作用主要是在晶粒的尺寸范围内。

（3）第三类内应力

这种内应力是由形变过程中形成的大量空位、位错等缺陷造成的，存在于更小的原子尺度的范围中，这类点阵的畸变能占整个存储能的大部分。

金属或合金经塑性变形后，存在着复杂的残余内应力，这是不可避免的。它对材料的变形、开裂、应力腐蚀等产生重大的影响，一般说来是不利的，须采用去应力退火加以消除。但是在某些条件下，残余压应力有助于改善工件的疲劳抗力，如表面滚压和喷丸处理，可在表面形成压应力，会使零件疲劳寿命成倍地增加。

第四节　冷变形金属在加热时组织和性能的变化

金属经塑性变形后，晶体缺陷密度增加，晶体畸变程度增大，内能升高，因此具有自发地恢复其原有组织结构状态的倾向。但是在室温下，由于原子的扩散能力低，这种转变不易进行。如果将冷塑性变形金属加热到较高的温度，会使原子具有一定的扩散能力，组织结构和性能就会发生一定的变化。随着温度的不同，金属会经过回复、再结晶和晶粒长大三个过程，如图6-10所示。

一、回复

当冷变形金属在较低的温度加热时（低于最低再结晶温度），金属内部的组织结构变化不明显，变形金属会发生回复（图6-10）。在回复过程中，通过原子短距离的扩散，可使某些晶体缺陷相互抵消，从而使缺陷数量减少，使晶格畸变程度减轻。例如，点缺陷做短距离迁移，使晶体内的一些空位和间隙原子合并而相互抵消，减少了点缺陷数量。又例如，同一个滑移面上的两个相反的刃型位错运动到同一个位置相互抵消，降低了位错密度。

由于晶格畸变程度减轻，使第一、二类残余内应力显著减少，物理性能（如电阻率降低）、化学性能（如耐腐蚀性能改善）也部分恢复到冷变形以前的情况。但是显微组织无明显变化，仍保留纤维组织。位错密度未显著减少，造成加工硬化的基本原因没有消除，力学性能变化不大，强度和硬度稍有下降，塑性和韧性略有上升。

工业上利用回复过程对变形金属进行去除应力退火，在保留加工硬化的情况下恢复某些物理、化学性能。如冷拔丝弹簧在绕制后,常进行低温退火处理,这样可以消除冷卷弹簧时的内应力而保留冷拔钢丝的高强度和弹性。

二、再结晶

当加热温度较高时,变形金属的显微组织发生显著的变化,破碎的、被拉长的晶粒全部转变成均匀而细小的等轴晶粒,这一过程称为再结晶。再结晶时,金属不发生晶格类型的变化,而是通过形核与长大的方式生成无晶格畸变和加工硬化的等轴晶粒。等轴晶粒形成后,变形所造成的加工硬化的效果消失,金属的性能全面恢复。

经再结晶后,金属的强度、硬度下降,塑性明显升高,加工硬化现象消除。因此,再结晶在生产上主要用于冷塑性变形

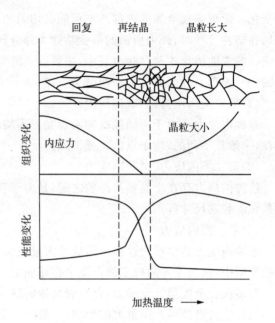

图 6-10 冷变形金属在不同加热温度时
晶粒大小和性能变化示意图

加工过程的中间处理,便于下道工序的继续进行,这种工艺称为再结晶退火。

再结晶不是一个恒温过程,是在一个温度范围内发生的,加热温度与再结晶能否实现有直接关系。我们把再结晶的开始温度称为再结晶温度。温度过低,不能发生再结晶;温度过高,会发生晶粒长大。对于纯金属,再结晶温度($T_{再}$)和熔点($T_{熔}$)之间存在以下的关系:

$$T_{再} = (0.35 - 0.4) T_{熔} \tag{6-1}$$

其中,$T_{再}$,$T_{熔}$均为热力学温度(K)。

从式(6-1)可以看出:金属的熔点越高,再结晶的温度也越高。

三、晶粒长大及再结晶后的晶粒度

金属经历回复、再结晶这两个阶段后,金属获得均匀细小的等轴晶粒,这些细小的晶粒具有长大的趋势。因为晶粒的大小对金属的性能有着重要的影响,所以生产上非常重视控制再结晶后的晶粒度,特别是无相变的金属和合金。

由于晶粒大小对金属的力学性能具有重大的影响,因而生产上非常重视再结晶退火后的晶粒度。影响再结晶退火后晶粒大小的因素有以下两点。

(1)加热温度和保温时间

加热温度越高,保温时间越长,金属的晶粒越大,加热温度的影响尤为显著,如图 6-11 所示。

(2)预先变形度

预先变形度的影响,实质上是变形均匀程度的影响。如图 6-12 所示,当变形度很

小时，晶格畸变小，不足以引起再结晶。当变形度为 2%～10% 时，金属中只有部分晶粒变形，变形极不均匀，再结晶时晶粒大小相差悬殊，容易互相吞并并长大，再结晶后晶粒特别粗大，这个变形度称为临界变形度。生产中应尽量避免在临界变形度附近进行加工。

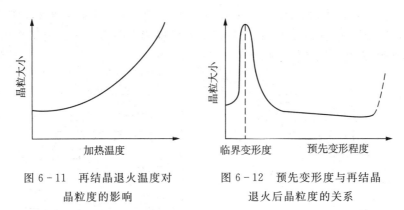

图 6-11　再结晶退火温度对　　　图 6-12　预先变形度与再结晶
　　　　晶粒度的影响　　　　　　　　　　退火后晶粒度的关系

超过临界变形度后，随变形程度增加，变形越来越均匀，再结晶时形核量大而均匀，使再结晶后晶粒细而均匀，达到一定变形量之后，晶粒度基本不变。对于某些金属，当变形量相当大时（>90%），再结晶后晶粒又重新出现粗化现象，一般认为这与形成织构有关。

第五节　金属的热加工

一、热加工与冷加工的区别

工业生产中，通常习惯用冷、热加工来区分塑性成形零件工艺。再结晶温度以下的塑性变形称为冷加工，再结晶温度以上的塑性变形称为热加工。冷加工变形会导致加工硬化现象。但在热加工过程中，塑性变形引起的加工硬化，被随即发生的回复、再结晶的软化作用所抵消，使金属始终保持稳定的塑性状态，因此热加工不会出现加工硬化现象。

金属在高温下变形抗力小，塑性好，易于进行变形加工，因此加工硬化现象严重的金属，常使用热加工生产。热轧、热锻等工艺都属于热加工。

1. 金属热加工时的组织和性能的变化

热加工变形时，不引起金属的加工硬化，存在回复和再结晶过程，所以在热加工过程中，金属的组织和性能也会发生明显的变化，具体体现在以下几方面。

（1）打碎铸态金属中的粗大枝晶和柱状晶粒，通过再结晶可以获得等轴细晶粒，使金属的力学性能全面提高。

（2）消除铸态金属的某些缺陷：如将气孔、疏松、微裂纹焊合，提高金属的致密度；消除枝晶偏析和改善夹杂物、第二相分布；细化晶粒，提高金属的综合力学性能，尤其是塑性和韧性。

（3）能使金属残存的枝晶偏析、可变形夹杂物和第二相沿金属流动方向被拉长形成热加工纤维组织(称为"流线")。金属的强度和塑性沿流线方向的强度显著大于流线垂直方向上的相应性能。因此,在零件的设计与制造中,应尽量使流线与零件工作时承受的最大拉应力方向一致;而当外加切应力或冲击力垂直于零件流线时,流线最好沿零件外形轮廓连续分布,这样可以提高零件的使用寿命。

图 6-13 所示的曲轴,若采用锻造成形,流线分布合理,可以保证曲轴在工作中承受的最大拉应力与流线平行,而冲击力与流线垂直,使曲轴不易断裂。若采用切削加工成形,其流线分布不合理,容易在轴肩发生断裂。

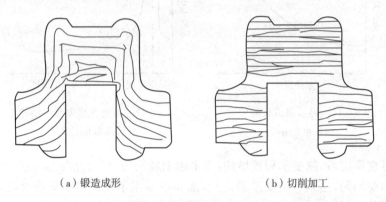

(a)锻造成形　　　　　　　　(b)切削加工

图 6-13　曲轴不同加工工艺中的流线分布

对于受力复杂、载荷较大的重要工件的毛坯,一般通过热加工来制造。但是,热加工会使金属表面产生较多的氧化铁皮,造成表面粗糙,尺寸精度不高。

(4)铸锭中存在着偏析和夹杂物,在压延时偏析区和夹杂物沿变形方向伸长呈带状分布,冷却后即形成带状组织。图 6-14 所示为钢铸态下的组织在热加工时未充分消除而交替分布的带状组织。

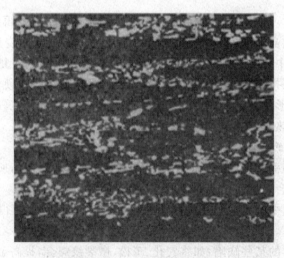

图 6-14　Cr 钢的带状组织

带状组织会使金属的力学性能产生方向性,特别是横向的塑性和韧性明显降低,使材料的切削性能恶化。带状组织不宜用一般热处理方法消除,因此需要严格控制其出现。

习　题

6-1　名词解释

滑移　滑移系　孪生　加工硬化　回复　再结晶

6-2　分析滑移与孪生的异同,比较它们在塑性变形过程中的作用。

6-3　多晶体的塑性变形有什么特点?

6-4　金属经冷变形后,组织和性能发生什么变化?

6-5　什么是加工硬化现象? 加工硬化有什么利弊?

6-6　金属塑性变形造成了哪几种残余应力? 它们对机械零件可能产生哪些利弊?

6-7　说明冷加工后的金属在回复和再结晶两个阶段中组织及性能变化的特点。

6-8　如何区分冷加工与热加工? 它们在加工过程形成的纤维组织有何不同?

6-9　在冷拉钢丝时,如果总的形变量很大,则需要穿插中间退火,原因是什么? 中间退火温度如何选择?

第七章 钢铁材料

钢铁材料是机械制造中用途最广、用量最大的金属材料。在工程材料中,钢分为碳钢与合金钢。碳钢是碳含量为 0.02%~2.11%,并含有少量 Mn 和 Si,S,P 等非金属夹杂物的铁碳合金,而合金钢是为了提高钢的性能,在碳钢的基础上有意加入一定量合金元素所获得的铁基合金。在工程材料中,铁主要是指铸铁,即含碳量大于 2.11% 的铁碳合金。

第一节 钢的分类和编号

生产上使用的钢材品种很多,性能也千差万别,为了便于生产、使用和研究,就需要对钢进行分类及编号。

一、钢的分类

1. 按化学成分分类

按照化学成分,钢可分为碳素钢与合金钢两大类。

(1)碳素钢

低碳钢($w_C \leqslant 0.25\%$)又称软钢,低碳钢易于接受各种加工,如锻造、焊接和切削,常用于制造链条、铆钉、螺栓、轴等。

中碳钢($0.25\% < w_C \leqslant 0.6\%$)在中等强度水平的各种用途中,得到了最广泛的应用,除作为建筑材料外,还大量用于制造各种机械零件。

高碳钢($w_C > 0.6\%$)常称工具钢,撬棍等由含碳量 0.75% 的钢制造;切削工具如钻头、丝攻、铰刀等由含碳量 0.90%~1.00% 的钢制造。含碳量越高,硬度、强度越大,但塑性降低。

(2)合金钢

低合金钢:($w_{Me} \leqslant 5\%$)

中合金钢:($5\% < w_{Me} \leqslant 10\%$)

高合金钢:($w_{Me} > 10\%$)

2. 按钢的质量分类(主要是杂质硫、磷的含量)

普通碳素钢:($w_S \leqslant 0.055\%$,$w_P \leqslant 0.045\%$)

优质碳素钢:($w_S \leqslant 0.040\%$,$w_P \leqslant 0.040\%$)

高级优质碳素钢:($w_S \leqslant 0.030\%$,$w_P \leqslant 0.035\%$)

3. 按用途分类

结构钢:主要用于制造各种工程结构,如桥梁、船舶、建筑构件、机器零件等。

工具钢:主要用于制造各种加工工具的钢种,如刀具、模具、量具等。

特殊性能钢:是指具有某种特殊的物理或化学性能的钢种,包括不锈钢、耐磨钢等。

(2)按照脱氧程度分类

镇静钢:钢液脱氧充分,在锭模内能平静凝固的钢。镇静钢化学成分与性能较均匀,组织致密,质量较好,生产成本较高。机械制造所用钢多为镇静钢。

沸腾钢:钢液脱氧不完全,会产生沸腾现象的钢。沸腾钢的质量不如镇静钢,但生产成本较低,成材率高,同时具有良好的塑性和焊接性能。

半镇静钢:脱氧程度和生产成本介于镇静钢和沸腾钢之间。

二、碳钢的牌号与用途

1. 普通碳素结构钢

普通碳素结构钢(图 7-1)的牌号由钢的屈服强度中"屈"字的拼音首字母 Q、屈服强度、质量等级(A,B,C,D)和脱氧方法组成。钢材按照屈服强度分为 5 个牌号:Q195,Q215,Q235,Q255,Q275。每个牌号按质量不同分:Q195,Q215,Q235 塑性好,可轧制成钢板,钢筋、钢管等;Q255,Q275 可轧制成型钢、钢板等。碳素结构钢一般不进行热处理而直接使用。常用普通碳素结构钢的牌号、力学性能及应用见表 7-1。

(a)螺纹钢　　　　　　　　　(b)热轧钢板

图 7-1 普通碳素结构钢制件

表 7-1 常用普通碳素结构钢的牌号、力学性能及应用

牌号	等级	力学性能			特性及应用
		δ_s/MPa	δ_b/MPa	δ_5/%	
Q195		195	315~390	33	具有高的塑性、韧性和焊接性,但强度较低。用于承受载荷不大的金属结构件,也在机械制造中用作铆钉、螺钉、垫圈、地脚螺栓、冲压件及焊接件等
Q215	A	215	235~450	31	
	B				
Q235	A	235	375~460	26	具有一定的强度,良好的塑性、韧性和焊接性,广泛用于一般要求的金属结构件,如桥梁、吊钩。也可制作受力不大的转轴、心轴、拉杆、摇杆、螺栓等。Q235C,Q235D 也用于制造重要的焊接结构件
	B				
	C				
	D				
Q255	A	255	410~550	24	用于制造要求强度不太高的零件(如螺栓、销、转轴等)和钢结构用型钢
	B				
Q275		275	490~630	20	用于强度较高的零件,如轴、链轮、轧辊等承受中等载荷的零件

2. 优质碳素结构钢

优质碳素结构钢的钢号用平均碳含量的万分数表示。例如,钢号"20",即表示碳含量为0.20%(万分之二十)的优质碳素结构钢;"45"表示碳含量为0.45%的优质碳素结构钢。

若钢中锰含量较高,则在其钢号后附以符号"Mn",如15Mn,45Mn等。

不同牌号的优质碳素结构钢,因含碳量不同其力学性能有较大区别。含碳量很低的08钢、10钢,强度较低而塑性很好,适于用作冷冲压和焊接用钢。15钢至25钢,也是强度较低而塑性、韧性较好,适于制造强度要求不高但要求有一定的塑性的零件。30钢至50钢,综合力学性能较好,这类钢经热处理后,可获得良好的综合机械性能,用来制造齿轮、轴类、套筒等零件。55钢至65钢,强度高而塑性低,经热处理后有很高的弹性极限,常用于制造各种弹簧类零件。

3. 碳素工具钢

钢号以碳的平均质量千分数表示,并在前冠以T,如T9,T12等。例如,T9是碳含量0.90%(即千分之九)的碳素工具钢;T12是碳含量1.2%(即千分之十二)的碳素工具钢。碳素工具钢均为优质钢。若属高级优质钢,则在钢号后标注"A"字,如T10A表示碳含量为1.0%的高级优质碳素工具钢。

碳素工具钢用来制造各种刃具、量具、模具等。T7,T8硬度高、韧性较高,可制造冲头,凿子、锤子等工具。T9,T10,T11硬度更高,韧性适中,适合制造钻头、刨刀、丝锥、手锯条等刃具及冷作模具等。T12,T13硬度很高、韧性较低,适合制作锉刀、刮刀等刃具及量规、样套等量具。碳素工具钢使用前都要进行热处理。

4. 铸钢

铸钢牌号须在数字前冠以ZG,数字代表钢中C的平均质量分数(以万分数表示)。如ZG25,表示含C量为0.25%。铸钢的流动性较差,凝固时收缩较大,并易生成魏氏组织。此组织特征是,铸件冷却时铁素体不仅沿奥氏体晶界,而且在奥氏体内一定的晶面上析出,呈粗针状。因而使钢的塑性及韧性降低,必须采用热处理来消除。铸钢可用来铸造一切形状复杂而需要一定强度、塑性和韧性的零件如齿轮、联轴器等。常用碳素铸钢的牌号、化学成分、力学性能及用途见表7-2。

表7-2 常用碳素铸钢的牌号、化学成分、力学性能及用途

牌号	化学成分			力学性能					用途举例
	$w_C/\%$	$w_{Mn}/\%$	$w_{Si}/\%$	σ_s/MPa	σ_b/MPa	$\delta_5/\%$	$\psi/\%$	$\alpha_k/(J \cdot cm^{-2})$	
ZG200-400	0.12~0.22	0.35~0.65	0.20~0.45	200	400	25	40	60	机座、变速箱壳体
ZG230-450	0.22~0.32	0.50~0.80	0.20~0.45	230	450	22	32	45	砧座、锤轮、轴承盖
ZG270-500	0.32~0.42	0.50~0.80	0.20~0.45	270	500	18	25	35	飞轮、机架、蒸汽锤、水压机工作缸、横梁

（续表）

牌号	化学成分			力学性能					用途举例
	$w_C/\%$	$w_{Mn}/\%$	$w_{Si}/\%$	σ_s/MPa	σ_b/MPa	$\delta_5/\%$	$\psi/\%$	$\alpha_k/(J \cdot cm^{-2})$	
ZG310-570	0.42～0.52	0.50～0.80	0.20～0.45	310	570	15	21	30	联轴器、汽缸、齿轮、齿轮圈
ZG340-640	0.52～0.62	0.50～0.80	0.20～0.45	340	640	10	18	20	起重运输机中齿轮、联轴及重要的机件

三、合金钢表示方法

合金钢的牌号均采用"数字＋元素符号＋数字"的格式来表示。

1. 合金结构钢

合金结构钢牌号采用阿拉伯数字和标准的化学元素符号表示。用两位阿拉伯数字表示平均含碳量（以万分之几计），放在牌号头部。合金元素含量表示方法为：平均含量小于1.50%时，牌号中仅标明元素，一般不标明含量；平均合金含量为1.50%～2.49%，2.50%～3.49%，3.50%～4.49%，…时，在合金元素后相应写成2,3,4,…。例如，30CrMnSi表示碳的平均含量为0.3%，铬、锰、硅含量小于1.5%的合金结构钢，而30CrMnSiA表示碳的平均含量为0.3%，铬、锰、硅含量小于1.5%的高级优质合金结构钢。

2. 合金工具钢

合金工具钢表示方法与合金结构钢牌号表示方法相同，采用标准规定的合金元素符号和阿拉伯数字表示。若平均含碳量小于1.00%时，可采用一位阿拉伯数字表示含碳量（以千分之几计）。当平均含碳量大于等于1%时，牌号前面不标数字。例如，9SiCr表示平均含碳量为0.90%，铬、硅含量小于1.5%的合金工具钢；Cr12MoV表示平均含碳大于等于1%，含铬量12%，钼、钒含量小于1.5%的合金工具钢。

低铬（平均含铬量低于1.00%）合金工具钢，在含铬量（以千分之几计）前加数字"0"。例如，平均含铬量为0.60%的合金工具钢，其牌号表示为"Cr06"。

3. 不锈钢

一般用一位阿拉伯数字表示平均含碳量（以千分之几计）；当平均含碳量大于等于1.00%时，用两位阿拉伯数字表示；当含碳量小于0.10%时，以"0"表示含碳量；当含碳量小于等于0.03%，但大于0.01%时（超低碳），以"03"表示含碳量；当含碳量小于等于0.01%时（极低碳），以"01"表示含碳量。含碳量没有规定下限时，采用阿拉伯数字表示含碳量的上限数字。合金元素含量表示方法同合金结构钢。例如，平均含碳量为0.20%含铬量为13%的不锈钢，其牌号表示为"2Cr13"；含碳量上限为0.08%，平均含铬量为18%，含镍量为9%的铬镍不锈钢，其牌号表示为"0Cr18Ni9"。

第二节　合金元素在钢中的作用

　　碳钢价格低廉,工艺性能好,力学性能能够满足一般工程和机械的使用要求,是工业中用量最大的金属材料,但工业生产不断对钢提出更高的要求。

　　碳钢的不足主要表现在:(1)淬透性差;(2)回火稳定性差;(3)综合机械性能低;(4)不能满足某些特殊场合要求。

　　合金钢正是为了弥补碳钢的缺点发展起来的。所谓合金钢,是在碳钢的基础上,有意识地加入一些合金元素的钢。常加入元素有锰(Mn)、硅(Si)、铬(Cr)、镍(Ni)、钼(Mo)、钨(W)、钒(V)、钛(Ti)、铌(Nb)、锆(Zr)、稀土(RE)等元素,目前世界上已有数千种合金钢。

　　合金元素在钢中的作用主要体现在对钢基本相、相图及热处理中相变影响三方面。

一、合金元素对钢中基本相的影响

　　合金元素在钢中主要以两种形式存在:合金铁素体与合金碳化物。

1. 合金铁素体

　　大多数合金元素(如 Ni,Si,Al,Co 等)都能不同程度地溶解在铁素体中,引起铁素体的强度和硬度提高,而塑性、韧性却有所下降,如图 7-2 及图 7-3 所示。

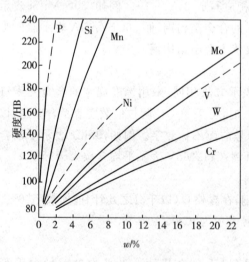

图 7-2　合金元素对铁素体硬度的影响

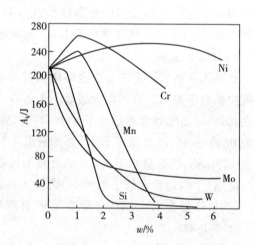

图 7-3　合金元素对铁素体冲击韧性的影响

2. 合金碳化物

　　与碳亲和力强的形成碳化物元素,如 Ti,Zr,Nb,V,Mo,Cr,Mn,Fe(依次由强到弱)等。这些元素与碳结合形成合金渗碳体或碳化物,其特点是熔点高,硬度高,且很稳定,不易分解。在最终热处理后,它们呈细颗粒状均匀分布在基体上,不但不降低韧性,而且还可以进一步提高钢的机械性能。

二、合金元素对相图的影响

1. 合金元素对单相奥氏体相区的影响

合金元素会使奥氏体的单相区扩大或缩小。Mn,Ni,Co,C,N,Cu 等元素扩大了奥氏体相区,即使 A_3 点下降。当这些元素含量足够高,当 Mn 高于 13% 或 Ni 高于 9% 时,S 点降到 0℃ 以下,室温下为单相奥氏体组织,称奥氏体钢,如图 7-4 所示。而 Cr,W,Mo,V,Ti,Si,Al 等元素使 A_3 点上升,即使奥氏体区缩小,为铁素体形成元素。当 Cr 高于 13% 时,奥氏体相区消失,室温下为单相铁素体组织,称铁素体钢,如图 7-5 所示。

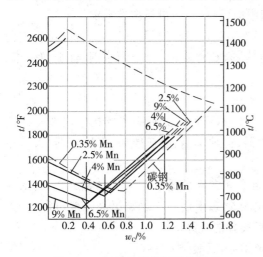 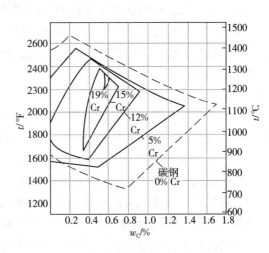

图 7-4　锰对奥氏体相区的影响　　　　　图 7-5　铬对奥氏体相区的影响

2. 合金元素对 S 点和 E 点的影响

几乎所有元素均使 S 点和 E 点左移,即这两点的含碳量下降,使碳含量比较低的钢出现过共析组织(如 4Cr13)或共晶组织(如 W18Cr4V)。

3. 合金元素对热处理中相变的影响

(1)阻碍奥氏体晶粒长大

大多数合金元素(除 Ni,Co 外)均减慢奥氏体的形成,它们使碳的扩散能力降低,与碳的亲和力大,稳定性高,很难溶解,会显著阻碍碳的扩散,减慢奥氏体形成的速度,这种碳化物难分解,使奥氏体的均匀化过程变得困难。

(2)提高钢的淬透性

除 Co 外,合金元素溶入奥氏体后,都不同程度地增大过冷奥氏体的稳定性,使 C 曲线右移,减小了临界冷却速度,提高了钢的淬透性。碳化物形成元素 Cr,Mo,W,V,Ti 等,溶入奥氏体后,不仅使 C 曲线右移,当达到一定含量时,还使其分离成上下两个 C 曲线,上部 C 曲线表示奥氏体向珠光体的转变,而下部的 C 曲线表示奥氏体向贝氏体的转变。

(3)提高回火稳定性

淬火钢在回火过程中抵抗硬度下降的能力称回火稳定性。由于合金元素溶入马氏体,使原子扩散速度减慢,因而在回火过程中,马氏体不易分解,碳化物不易析出,析出后也较难聚集长大,从而提高了钢的回火稳定性。因此当回火硬度相同时,合金钢比同含碳量碳钢回火温度高。如果同温度回火,合金钢硬度比碳钢高。

含高 W,Mo,Cr,V 钢淬火后回火时,由于析出细小弥散的特殊碳化物及回火冷却时 A' 转变为 $M_回$,使硬度不仅不下降,反而升高的现象称二次硬化。

第三节　合金结构钢

合金结构钢是指用于制造各种重要机器零件和受力工程结构件的钢材。它要求具有较高的机械性能和较好的加工工艺性能,是合金钢中应用较广,产量较多的类别。

合金结构钢可以分为工程用钢和机器制造用钢两类。工程用钢以普通低合金结构钢为主,机械制造用钢按用途和常用热处理方法又分为:合金渗碳钢、合金调质钢、合金弹簧钢、滚动轴承钢等。

1. 高强度低合金钢

高强度低合金钢是由普通碳素结构钢发展而来的,可取代普通碳素结构钢制造承载较大的、有特殊性能要求的工程结构件。如大型桥梁、特种车辆、舰艇船舶、高压容器、大型屋架等。

高强度低合金钢的含碳量一般低于 0.2%,合金元素含量低于 3%,以加锰为主,目的提高钢的强度和淬透性。高强度低合金钢一般在热轧状态下使用。若需提高强度,可进行正火或调质处理,普通低合金结构钢冷冲、冷弯和焊接性能较好。

常用的高强度低合金钢,其牌号、力学性能及用途,见表 7-3。

表 7-3　常用的高强度低合金钢的牌号、力学性能及用途

牌号	质量等级	力学性能				用途举例
		σ_b/MPa	$\delta_5/\%$	σ_s/MPa	A_k/J	
Q295	A	390~570	23	295	—	低、中化工容器,低压锅炉汽包,车辆冲压件,建筑金属构件,输油管,储油罐,有低温要求的金属构件等
	B	390~570	23	295	34(20℃)	
Q345	A	470~630	21	345	—	各种大型船舶,铁路车辆,桥梁,管道,锅炉,压力容器,石油储罐,水轮机蜗壳,起重及矿山机械,电站设备,厂房钢架等承受动载荷的各种焊接结构件,一般金属构件、零件等
	B	470~630	21	345	34(20℃)	
	C	470~630	22	345	34(0℃)	
	D	470~630	22	345	34(−20℃)	
	E	470~630	22	345	34(−40℃)	
Q390	A	490~650	19	390	—	中、高压锅炉汽包,中、高压石油化工容器,大型船舶,桥梁、车辆及其他承受较高载荷的大型焊接结构件,承受动载荷的焊接结构件(如水轮机蜗壳等)
	B	490~650	19	390	34(20℃)	
	C	490~650	20	390	34(0℃)	
	D	490~650	20	390	34(−20℃)	
	E	490~650	20	390	34(−40℃)	

（续表）

牌号	质量等级	力学性能				用途举例
		σ_b/MPa	$\delta_5/\%$	σ_s/MPa	A_k/J	
Q420	A	520~680	18	420	—	大型焊接结构、大型桥梁、大型船舶、电站设备、车辆、高压容器、液氮罐车等
	B	520~680	18	420	34(20℃)	
	C	520~680	19	420	34(0℃)	
	D	520~680	19	420	34(−20℃)	
	E	520~680	19	420	34(−40℃)	
Q460	C	550~720	17	460	34(0℃)	可淬火、回火，用于大型挖掘机、起重运输机、钻井平台等
	D	550~720	17	460	34(−20℃)	
	E	550~720	17	460	34(−40℃)	

2. 合金渗碳钢

合金渗碳钢是典型的表面强化钢之一。它主要用于制造表面硬而耐磨，心部有足够韧性的能承受冲击载荷作用的零件。如汽车、拖拉机的各种齿轮、活塞销、凸轮轴、轴套以及大型轴承和部分工具和量具等，如图7-6所示。

（a）传动齿轮　　　　　　　　　　　（b）柴油机凸轮轴

图 7-6　渗碳件

合金渗碳钢的 w_C 一般为 0.1%～0.25%，以保证渗碳件心部有足够高的塑性和韧性。加入镍、锰、硼等合金元素，以提高钢的淬透性，使零件在渗碳淬火后表面和心部都能得到强化。加入钨、钼、钒、钛等碳化物形成的元素，主要是为了防止高温渗碳时晶格长大，起到细化晶粒的作用。

20CrMnTi 是最常用的合金渗碳钢，适宜制造截面小于 30mm 的受冲击和摩擦的零件，如汽车变速箱的传动齿轮、后桥差动齿轮、十字接头等。此外，常用的合金渗碳钢还有 20Cr20MnV 等。

几种常用渗碳钢的牌号、热处理、机械性能及用途，见表7-4所示。

表7-4　几种常用渗碳钢的牌号、热处理、机械性能及用途

类别	牌号	热处理/℃				机械性能			坯尺寸/mm	用途举例
		渗碳	预备热处理	淬火	回火	σ_b/MPa	σ_s/MPa	δ/%		
低淬透性	15	930	890±10 空	770～800 水	200	≥500	≥300	15	<30	活塞销、套筒等
	20Mn2	930	850～870	770～800 油	200	820	600	10	25	齿轮、小轴、活塞销
	20Cr	930	800 水、油	800 水、油	200	850	550	10	15	齿轮、小轴、活塞销
	20MnV	930	—	800 水、油	200	800	600	10	15	齿轮、小轴、活塞销，也用作锅炉，高压容器、管道等
	20CrV	930	880	800 水、油	200	850	600	12	15	齿轮、小轴、顶杆、活塞销、耐热垫圈
中淬透性	20CrMn	930	—	850 油	200	950	750	10	25	齿轮、轴、蜗杆、摩擦轮
	20CrVMnTi	930	830 油	860 油	200	1100	850	10	15	汽车、拖拉机上的变速箱齿轮
	20MnTiB	930	—	860 油	200	1150	950	10	15	代替 20CrMnTi 制造汽车、拖拉机上截面较小、中等负荷的渗碳件
高淬透性	18Cr2Ni4WA	930	950 空	850 空	200	1200	850	10	15	大型渗碳齿轮和轴类零件
	20Cr2Ni4A	930	880 油	780 油	200	1200	1100	10	15	大型渗碳齿轮和轴类零件
	14CrMn2SiMo	930	880～920 空	860 油	200	1200	900	10	15	大型渗碳齿轮、飞机发动机齿轮

3. 合金调质钢

调质钢是用热处理的方法命名的,即零件的主要热处理是淬火和高温回火,目的是使零件获得良好的综合机械性能,达到既有高的强度和硬度,又有足够的塑性和韧性相配合的机械性能,用于制造承受较大载荷时机械零件,如各种重载荷的轴类、齿轮等(见图7-7),在机械制造工业中应用极为广泛。

图7-7　调质钢制件

为了获得良好的综合机械性能,合金调质钢的含碳量不宜过高或过低,一般为 0.30%~0.55%。为使零件整个截面的机械性能一致并取得良好的淬透性,常加入铬、锰、镍、硅等合金元素,尤其加入微量的硼元素,对提高淬透性的作用更为显著,为了细化晶粒,提高强度,也辅加以钼、钨、钒、钛等元素。

目前使用最广泛的有 40Cr,45Mn2,35CrMo,40CrNi,30CrMnSi,40CrNiMo 等。其中 40Cr 使用较普遍,可以替代 45 钢制造机械性能要求更高的零件。热处理时可以油冷,防止零件变形和开裂的倾向。

调质钢也可以作为表面淬火零件用钢。个别钢种还可以作为氮化零件用钢,如 38CrMoAlA 就是典型的氮化钢。

几种常用调质钢的化学成分、热处理、力学性能及用途,见表 7-5 所示。

表 7-5　几种常用调质钢的化学成分、热处理、力学性能及用途

类别	牌号	化学成分 w/%					热处理		力学性能					用途举例
		C	Si	Mn	Cr	其他	淬火温度/℃	回火温度/℃	σ_b/MPa	σ_s/MPa	δ/%	φ/%	A_k/J	
									不小于					
低淬透性	40Cr	0.37~0.44	0.17~0.37	0.50~0.80	0.80~1.10	—	850 油	830 水、油	980	785	9	45	47	重要的齿轮、轴、套筒、连杆等
	45MnZ	0.37~0.44	0.17~0.37	1.40~1.80	—	—	800 油	540 水、油	885	735	12	45	55	轴、半轴、连杆等
	40MnB	0.37~0.44	0.17~0.37	1.10~1.40	—	B:0.0005~0.0035	850 油	540 水、油	980	785	10	45	47	可代替 40Cr 做小截面重要零件,如汽车转向节、半轴、蜗杆等
	40MnVB	0.37~0.44	0.17~0.37	1.10~1.40	—	B:0.0005~0.0035 V:0.05~0.10	850 油	520 水、油	980	785	10	45	47	可代替 40Cr 做机床齿轮、花键轴等
中淬透性	35CrMo	0.32~0.40	0.17~0.37	0.40~0.70	0.80~1.10	Mo:0.15~0.25	850 油	550 水、油	980	835	12	45	63	用作截面不大,而要求力学性能高的重要零件,如主轴、曲轴等
	30CrMnSi	0.27~0.31	0.90~1.02	0.80~1.10	0.80~1.10	—	880 油	520 水、油	1080	885	10	45	39	用作截面不大,而要求力学性能高的重要零件,如齿轮、轴、轴套等
	40CrNi	0.37~0.44	0.17~0.37	0.50~0.80	0.45~0.75	Ni:1.00~1.40	820 油	500 水、油	980	835	10	45	55	用作截面较大,要求力学性能较高的零件,如轴、连杆、齿轮轴等
	38CrMoAlA	0.35~0.43	0.20~0.45	0.30~0.60	1.35~1.85	Mo:0.45~0.25 Al:0.70~1.10	910 油	640 水、油	980	835	14	50	71	氮化零件专用钢,用作自动车床主轴、精密丝杠、精密齿轮等
高淬透性	40CrMnMo	0.37~0.45	0.17~0.37	0.90~1.20	0.90~1.20	Mo:0.20~0.30	850 油	5000 水、油	785	835	10	45	63	截面较大,要求强度高、韧性好的重要零件,如汽轮机轴、曲轴等
	40CrNiMo	0.37~0.44	0.17~0.37	0.50~0.80	0.60~0.90	Mo:0.15~0.25 Ni:0.15~0.25	850 油	800 水、油	980	835	12	45	78	截面较大,要求强度高、韧性好的重要零件,如汽轮机轴、叶片曲轴等
	25Cr2Ni4WA	0.21~0.28	0.17~0.37	0.30~0.60	1.35~1.85	V:0.90~1.20 Ni:4.00~4.50	850 油	550 水、油	1060	900	11	50	71	200mm 以下,要求淬透的大截面重要零件

4. 合金弹簧钢

弹簧钢是用于制造弹簧和弹性零件的结构钢,其制件如图 7-8 所示。弹簧是机器上常

用的零件,其作用主要是储存能量和减轻震动。因此,弹簧应有高的屈服强度和抗拉强度,而且还要求具有高的疲劳强度、良好的工艺性能及足够的韧性和塑性,特殊环境下使用的弹簧,还要具有一定的耐热性和耐蚀性。

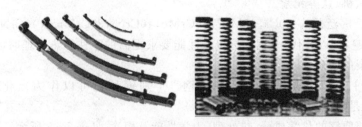

图 7-8 弹簧钢制件

为了获得高的强度,弹簧钢的含碳量比较高,一般为 0.60%～0.70%,加入的主要合金元素是锰、硅和铬,其目的是提高淬透性和增加强度。

一般工具模具和机械中使用的小截面螺旋弹簧,常采用碳素弹簧钢,如 60 钢、65 钢等在冷态下卷盘成形,不需淬火强化。截面较大的弹簧,则需采用合金弹簧钢制造,如 65Mn,60Si2Mn,50CrVA 等在热态下制造,经淬火和中温回火后,可达到上述所要求的性能。

弹簧钢的表面质量对弹簧的使用寿命有一定的影响,尤其在制造过程中应防止刻伤、碰伤及表面的氧化脱碳现象。

常用弹簧钢的牌号、热处理、机械性能及用途,见表 7-6。

表 7-6 常用弹簧钢的牌号、热处理、机械性能及用途

类别	牌号	热处理/℃		机械性能(不小于)			用途举例
		淬火	回火	σ_s/ MPa	σ_b/ MPa	δ_5/ %	
碳素弹簧钢	65	840 油	500	800	1000	9	小于 φ12mm 的一般机器上的弹簧,或拉成钢丝制作小型机械弹簧
	85	820 油	480	1000	1150	6	小于 φ12mm 的一般机器上的弹簧,或拉成钢丝制作小型机械弹簧
	65Mn	830 油	540	800	1000	8	小于 φ12mm 的一般机器上的弹簧,或拉成钢丝制作小型机械弹簧
合金弹簧钢	55Si2Mn	870 油	480	1200	1300	6	φ20～25mm 弹簧,工作温度低于 230℃
	60Si2Mn	870 油	480	1200	1300	5	φ25～30mm 弹簧,工作温度低于 300℃
	50CrVA	850 油	500	1150	1300	10	φ30～50mm 弹簧,制作工作温度低于 210℃ 的气阀弹簧
	60Si2CrVA	850 油	410	1700	1900	6	小于 φ50mm 的弹簧,工作温度低于 250℃
	55SiMnMoV	880 油	550	1300	1400	6	小于 φ75mm 的弹簧,重型汽车,越野汽车大截面板簧

5. 滚动轴承钢

滚动轴承钢是制造滚动轴承套圈、滚珠、滚柱的专用钢种,也可以用于制造工具、量具和模具等。

因上述零件都要求高的硬度和耐磨性,滚珠和套圈还要求高的耐压强度及疲劳强度,因

此所用钢含碳量比较高，一般在 0.95%～1.15% 范围内，才能保证淬火后获得高硬度和耐磨性。加入的合金元素主要有铬，其含量控制在 0.40%～1.65% 范围内，要求比较严格。铬不仅能提高钢的淬透性，而且能生成细小而均匀的合金碳化物，提高钢的耐磨性，但是，含铬高于 1.65% 以后，则会促使淬火时残余奥氏体数量增加，降低钢的硬度和接触疲劳强度。为了进一步提高淬透性，大型轴承等零件用钢，常采用添加锰和硅的铬锰硅钢。滚动轴承钢在冶炼时，对硫、磷等非金属夹杂物的含量控制也比较严格，这样才能保证对使用性能的要求。

常用滚动轴承钢的牌号、化学成分、热处理及硬度，见表 7-7 所示。

表 7-7 常用滚动轴承钢的牌号、化学成分、热处理及硬度

（摘自 GB/T 18254—2002 和 JB/T 1255—2014）

牌号	主要化学成分 w/%					热处理/℃		零件参数	成品尺寸/mm	硬度/HRC					
	C	Si	Mn	Cr	Mo	淬火	常规回火			淬火后 不小于	常规回火后	高温回火后			
												200℃	250℃	300℃	350℃ 不小于
GCr4	0.95~1.05	0.15~0.30	0.15~0.30	0.35~0.50	≤0.05	800~820	150~160	套圈有效壁厚	≤12	63	60~55	59~64	57~62	55~59	52
									12~30	62	55~64	57~62	56~60	54~58	52
GCr15	0.95~1.05	0.15~0.35	0.25~0.45	1.40~1.65	≤0.1	800~820	150~160		>30	60	57~63	56~61	55~59	53~57	52
								钢球直径	≤30	64	61~66	61~66	61~66	56~60	52
									30~50	62	59~64	59~64	57~61	55~59	52
GCr15SiMn	0.95~1.05	0.45~0.75	0.95~1.25	1.40~1.65	≤0.1	820~840	170~190		>50	61	58~64	55~64	56~61	54~58	52
GCr15SiMo	0.95~1.05	0.65~0.85	0.20~0.40	1.40~1.70	0.30~0.40	820~840	170~190	滚子有效直径	≤20	63	60~65	60~65	60~65	55~59	52
GCr18Mo	0.95~1.05	0.20~0.40	0.25~0.40	1.65~1.95	0.15~0.25	820~840	170~190		20~40	62	58~64	58~64	57~61	54~58	52
									>40	60	57~63	57~63	56~59	53~57	52

注：中、小尺寸轴承零件选用 GCr4，GCr15 钢，大尺寸轴承零件选用 GCr15SiMn，GCr15SiMo，GCr18Mo 钢制造

GCr15 是目前使用最广并具有代表性的铬轴承钢,其加工工艺比较成熟,性能比较稳定,其他使用较多的还有 GCr9,GCr15MnSi 等。

铬轴承钢牌号中,合金元素 Cr 后面的数字是表示其含量为千分之几,如 GCr9,表示含铬为千分之九;GCr15MnSi,表示含铬为千分之十五。

第四节 合金工具钢

合金工具钢与碳素工具钢相比,具有高的淬透性、耐磨性和红硬性,而且热处理后变形小、回火稳定性好,所以常用于制造重要的刃具、量具、模具等工具。按其用途常分为合金刃具钢、合金量具钢、合金模具钢等,大部分钢可以相互换用。

一、合金刃具钢

合金刃具钢主要用于制造切削金属用的刀具,因而其应具有下列性能。

(1)高的硬度:由于刀具的硬度必须高于被加工材料的硬度,才能进行切削,所以刀具的硬度一般要求在 60HRC 以上。

(2)高的耐磨性:刀具的耐磨性好,切削时不易磨损,从而延长刀具使用寿命,提高切削效率。

(3)足够的强度和韧性:切削加工时,刀具要承受弯曲、压缩以及震动和冲击载荷的作用,因此必须具有足够的强度和韧性,防止脆性断裂和崩刃。

(4)高的红硬性:由于切削时产生切削热和摩擦热,使刃口部分处于高温状态。所以,要求刃口具有在高温下仍能保持高硬度的性能,即红硬性。

合金刃具钢一般可分为低合金刃具钢和高速钢两类。

1. 低合金刃具钢

低合金刃具钢是在碳素工具钢的基础上加入少量铬、锰、硅、钒、钨等元素构成的,用于制造低速或手动工具和刃具等。如制作丝锥、板牙、钻头、绞刀、搓丝板、刮刀、拉刀、剃刀等。

低合金刃具钢的含碳量为 0.8%～1.2%,淬火后具有高的硬度和耐磨性。合金元素含量为 3%～5%,常加的合金元素有铬、锰、硅、钨、钒等,主要目的是提高淬透性和生成少量合金碳化物,提高耐磨性。

低合金刃具钢常用的有 9SiCr,9Mn2V,CrMn,CrWMn,CrW5,Cr2 等。常用低合金刃具钢的牌号、化学成分、热处理及用途,见表 7-8。

表 7-8 常用低合金刃具钢的牌号、化学成分、热处理及用途

牌号	主要化学成分 w/%					热处理				用途举例
						淬火		回火		
	C	Mn	Si	Cr	W	淬火加热温度/℃	冷却介质	硬度/HRC	回火温度/℃	硬度/HRC	
9SiCr	0.85～0.95	0.30～0.60	1.20～1.60	0.95～1.25	—	860～880	油	≥62	180～200	60～62	板牙、丝锥、钻头、绞刀、齿轮铣刀、冷冲模、冷轧辊等

（续表）

牌号	主要化学成分 $w/\%$					热处理					用途举例
	C	Mn	Si	Cr	W	淬火			回火		
						淬火加热温度/℃	冷却介质	硬度/HRC	回火温度/℃	硬度/HRC	
Cr2	0.95～1.10	≤0.40	≤0.40	1.30～1.65	—	830～860	油	≥62	150～170	61～63	车刀、铰刀、测量工具、凸轮轴、冷轧辊等
8MnSi	0.75～0.85	0.8～1.1	0.3～0.6	—	—	800～820	油	≥65	150～160	64～65	切削金属用的刀具,如铣刀、车刀等;各种量规、块规等
W	1.05～1.25	≤0.40	≤0.40	0.1～0.3	0.8～1.2	840～860	油	≥62	130～140	62～65	各种量规、块规等

2. 高速钢（又称白钢或锋钢）

高速钢属高碳高合金钢,因 20 世纪早期用于高速切削而得名,它具有高的硬度、强度和耐磨性,红硬性较好,在 600℃左右,其硬度仍能保持 60HRC 以上,因此,适合用于制造各种金属切削用的刀具。高速钢刀具的切削速度比碳素工具钢或低合金刃具钢刀具增加 1～3 倍,而耐用性增加 7～14 倍。

高速钢的含碳量为 0.70%～1.65%,以保证足够的碳形成合金碳化物,合金元素的含量很高,一般为 15%～25%,主要加入元素为钨、铬、钼、钒等,个别特殊高特殊高速钢还须加钴和铝等。目前常用的高速钢,主要是钨系或钨钼系两类,前者以 W18Cr4V2 为代表,后者以 W6Mo5Cr4V2 为代表。

W18Cr4V 发展较早,优点是通用性强,使用比较成熟,能满足一般性能要求。但是碳化物偏析较严重,热塑性差、成型较难,在加工特别硬或韧性好的材料时,硬度和红硬性显得还不够理想,而且含钨多,价格较贵。主要用于制造截面较小的刀具和普通钻头等。

W6Mo5Cr4V2(6542)的特点是以钼代钨,从而降低合金元素钨的含量并使合金元素总含量降低,碳化物的偏析程度有所改善,热塑性较好,便于成型,热处理时过热的倾向减小,强度、韧性提高,通用性进一步提高,使用寿命延长,而且价格低。其使用日益增多,一般可替代 W18Cr4V 制造钻头、滚刀、铣刀、插齿刀、扩孔刀等,更适合制造薄棱刃及大截面的刀具。常用高速钢的牌号、化学成分、热处理、硬度及应用,见表 7-9。

二、合金模具钢

在汽车、机械、电机、电器、仪表等工业中,大量地使用模具制造毛坯和零件。模具的质量和使用寿命,直接影响到产品的质量、产量和成本。因此,对模具的质量要求愈来愈高,而模具的质量在很大程度上取决于模具材料的选择。

根据模具工作条件的不同,可分为冷作模具和热作模具。又因它们对模具材料的性能要求不同,模具材料分为冷作模具钢和热作模具钢。

表7-9 常用高速钢的牌号、化学成分、热处理、硬度及用途
（摘自 YB/T 5302—2010 和 GB/T 9943—2008）

牌号	化学成分 w/%						交货退火后硬度/HBS(不大于)	热处理/℃				回火后硬度/HRC(不大于)	用途举例
	C	W	Mo	Cr	V	Al 或 Co		预热	淬火 盐浴炉	淬火 箱式炉	回火		
W18Cr4V	0.70~0.80	17.50~19.00	≤0.30	3.80~4.40	1.00~1.40	—	255	820~870	1270~1285 油	1270~1285 油	550~570	63	制造一般高速切削用车刀、刨刀、钻头、铣刀等
W18Cr4V2Co5	0.75~0.85	17.50~19.00	0.50~1.25	3.75~5.00	1.80~2.40	Co7.00~9.50	285	820~870	1270~1290 油	1280~1300 油	540~560	63	制造形状简单截面较粗的刀具。用于加工难切削材料，如高温合金、难溶金属、超高强度钢、钛合金以及奥氏体不锈钢等
W12Cr4V5Co5	1.50~1.60	11.75~13.00	≤1.00	3.75~5.00	4.50~5.25	Co4.50~5.25	277	820~870	1230~1250 油	1230~1250 油	530~550	65	
W6Mo5Cr4V2	0.80~0.90	5.50~6.75	4.50~5.50	3.80~4.40	1.75~2.20	—	255	730~840	1210~1230 油	1210~1230 油	540~560	63（箱式炉）64（盐浴炉）	制造要求耐磨性和韧性很好配合的高速切削刀具，如丝锥、钻头等
W6Mo5Cr4V3	1.00~1.10	5.50~6.75	4.50~5.50	3.75~4.50	2.25~2.75	—	255	730~840	1190~1210 油	1200~1220 油	540~560	64	制造耐磨性和热硬性较高、耐磨性和韧性较好配合，形状较为复杂的刀具，如铰刀、铣刀等

(续表)

牌号	化学成分 w/%						交货退火后硬度/HBS(不大于)	热处理/℃					回火后硬度/HRC(不大于)	用途举例
	C	W	Mo	Cr	V	Al或Co		预热	淬火			回火		
									盐浴炉	箱式炉				
W6Mo5Cr4V2Co5	0.80~0.90	6.50~6.50	4.50~5.50	3.75~4.50	1.72~2.25	Co4.50~5.50	269	730~840	1190~1210 油	1200~1220 油	540~560	64	制造形状简单承载面较粗的刀具，如直径在15mm以上的钻头及某些刀具。用于加工难切削材料，如难熔金属、超高强度钢、钛合金以及奥氏体不锈钢等。也用于切削硬度不超过300HBS~350HBS的合金调质钢
W7Mo4Cr4V2Co5	1.05~1.15	6.25~7.00	3.25~4.25	3.75~4.50	1.72~2.25	Co4.75~5.75	269	730~840	1180~1200 油	1190~1210 油	530~550	66	
W2Mo9Cr4VCo8	1.05~1.15	1.55~1.85	9.00~10.00	3.50~4.25	0.95~1.35	Co7.75~8.75	269	730~840	1170~1190 油	1180~1200 油	530~550	66	
W6Mo5Cr4V2Al	1.05~1.20	5.50~6.75	4.50~5.50	3.80~4.40	1.75~2.20	Al0.80~1.20	285	730~870	1230~1240 油	1230~1240 油	540~560	65	在加工一般材料时，刀具使用寿命为W18Cr4V的两倍。在切削难加工的超高强度钢时，其使用寿命接近含钴高速钢

1. 冷作模具钢

冷作模具是在一定外力下,使金属在常温下产生变形而成型的模具,常见的冷作方式如冲裁、剪切、冷挤压、拉拔、冷镦等。

模具工作时,承受拉应力、冲击力作用,刃口处受到强烈的摩擦和挤压。因此,冷作模具钢应有高的强度、硬度和耐磨性,并有足够的韧性。若还要求热处理时,变形要小,淬透性好。

冷作模具钢种类很多,含碳量一般为 0.8%～1.7%,其中 Cr12 钢的含碳量高达 2.3%。所加的合金元素以铬、锰为主,辅加以钨、钒等元素,加入铬、锰的目的是提高淬透性,钨、钒能细化晶粒,改善韧性。大量的碳化铬、碳化钨、碳化钒又能提高硬度和耐磨性。按实际用途和合金元素含量,分为低合金模具钢和中、高合金模具钢等。

常用的低合金模具钢有 9SiCr,9Mn2V,CrWMn 等,用于制造形状复杂,要求变形小的中小型模具,如小型冷冲模、冲头、螺纹滚压模、长刀片等。

常用的中、高合金模具钢有 Cr6WV,Cr12,Cr12MoV 等。由于这类钢淬火变形小,淬透性好、硬度高以及具有高的耐磨性,故被广泛用于制造承受压力大、生产批量多、耐磨性要求高、热处理变形小、形状复杂的模具。

Cr12 型模具钢的牌号、化学成分、热处理、淬火后的硬度及用途,见表 7-10。

表 7-10 Cr12 型模具钢的牌号、化学成分、热处理、淬火后的硬度及用途

牌号	化学成分 w/%						热处理/℃			硬度		用途举例
	C	Si	Mn	Cr	Mo	V	退火	淬火	回火	退火	回火	
Cr12	2.00～2.30	≤0.40	≤0.40	11.50～13.50	—	—	870～900	930～980	200～450	207HB～255HB	58HRC～64HRC	重载荷高、耐磨变形要求小的冲压模具
Cr12MoV	1.45～1.70	≤0.40	≤0.40	11.00～12.50	0.40～0.60	0.15～0.30	850～870	1020～1040	150～425	207HB～255HB	55HRC～63HRC	重载荷高、耐磨变形要求小的冲压模具

2. 热作模具钢

热作模具是使液态金属在其型腔内高压成型的一种模具,它除要求有与热锻模相似的性能外,由于与高温金属长时间接触,所以还要求具有耐热疲劳强度和耐高温强度等性能。

常用的热作模具钢是 3Cr2W8V,其含碳量为 0.30%～0.40%,含大量的钨、铬、钒等合金元素,目的是提高热疲劳强度和高温强度。常用于制造压铸铝合金、镁合金、铜合金甚至黑色金属的模具。热作模具钢的牌号、化学成分、热处理淬火后的硬度及用途,见表7-11。

表 7-11　热作模具钢的牌号、化学成分、热处理、淬火后的硬度及用途

牌号	化学成分 w/%						热处理/℃		硬度		用途举例
	C	Si	Mn	Cr	Mo	Ni	淬火	回火	淬火	回火	
5CrNiMo	0.50～0.60	≤0.40	0.50～0.80	0.50～0.80	0.15～0.30	1.40～1.80	830～860	530～550	≥47HRC	364HB～402HB	塑料压模、大型锻模等
5CrMnMo	0.50～0.60	0.25～0.60	1.20～1.60	0.60～0.90	0.15～0.30	—	820～850	560～580	≥50HRC	324HB～364HB	中小型锻模等
3Cr2W8V	0.30～0.40	≤0.40	≤0.40	2.20～2.70	W:7.5～9.00	V:0.20～0.50	1050～1100	560～550（三次）	＞50HRC	44HRC～46HRC	高应力压模、螺钉或铆钉热压模、热剪切刀、压铸模等

三、合金量具钢

合金量具钢是制造卡尺、千分尺、塞规、样板、块规等重要量具的材料,热处理后要满足如下要求,见表 7-11。

(1)高的硬度和耐磨性:量具在测量中,常与工件接触,故要保证不因磨损而失去精度;

(2)高的尺寸稳定性:在长期使用和存放过程中,应保持形状和尺寸不变,以保证获得测量的准确性;

(3)变形要小,磨削加工性能要好;

(4)热膨胀系数要小,淬火变形要小,还要具有一定的耐蚀性等。

一般等级的量具,可用碳素工具钢制造;等级稍高的量具,用低合金工具钢制造,常用的量具钢有 GCr15,CrMn,CrWMn 等,其用途见表 7-12 所示。

表 7-12　量具用钢的选用举例

用　途	选用和钢号举例	
	钢的类别	钢　号
尺寸小、精度不高、形状简单的量规、塞规、样板等精度不高,耐冲击的卡板、样板、直尺等	碳素工具钢渗碳钢	T10A,T11A,T12A,15,20,15Cr
块规、螺纹塞规、环规、样柱、样套等	低合金工具钢	CrMn,9CrWMn,CrWMn
块规、环规、样柱等	滚珠轴承钢	GCr15
各种要求精度的量具	冷作模具钢	9Mn2V,Cr2Mn2SiWMoV
要求精度和耐腐蚀的量具	不锈钢	4Cr13,9Cr18

第五节 特殊性能钢

特殊性能钢是指具有某些特殊物理性能、化学性能的钢种,其类型很多,常用的有不锈钢、耐热钢、低温钢和耐磨钢等。

一、不锈钢

不锈钢是石油提炼和石油化工等工业部门中广泛使用的金属材料。所谓不锈钢是指能抵抗大气及弱腐蚀介质腐蚀的钢种。所谓的耐酸钢是指在各种强腐蚀介质中能耐蚀的钢。实际上,不锈钢并不是不腐蚀,只不过腐蚀速度慢而已,绝对不被腐蚀的钢是不存在的。

1. 金属腐蚀的概念

在外界介质的作用下使金属逐渐受到破坏的现象称为腐蚀。腐蚀基本上有两种形式:化学腐蚀和电化学腐蚀。化学腐蚀是指金属在非电解质中的腐蚀,如钢的高温氧化、脱碳等。电化学腐蚀是金属腐蚀的更重要、更普遍的形式,它是指金属在电解质溶液中的腐蚀,是有电流参与作用的腐蚀。

不同的金属或金属的不同相之间的电极电位不同而构成原电池,使低电极电位的阳极被腐蚀,高电极电位的阴极被保护。电化学腐蚀的特点是有电介质存在,不同金属之间,金属不同组织、成分、应力区域之间都可构成原电池。

为了防止电化学腐蚀,可采取以下措施:(1)获得均匀的单相组织,避免形成原电池;(2)提高合金的电极电位;(3)使表面形成致密稳定的保护膜,切断原电池。

2. 不锈钢的合金化

提高钢耐蚀性的方法很多,如表面镀一层耐蚀金属、涂敷非金属层、电化学保护和改变腐蚀环境、介质等。但是利用合金化方法,提高材料本身的耐蚀性是最有效的防止腐蚀破坏的措施。

(1)加入合金元素,提高钢基体的电极电位,从而提高钢的抗电化学腐蚀能力。一般往钢中加入 Cr,Ni,Si 等元素均能提高其电极电位。由 Ni 较缺,Si 的大量加入会使钢变脆,因此,只有 Cr 才是显著提高钢基体电极电位常用的元素。Cr 能提高钢的电极电位,但不是呈线性关系。实验证明,钢的电极点位随合金元素的增加,存在着一个量变到质变的关系,遵循 $n/8$ 规律。当 Cr 含量达到一定值时,即 $n/8$ 原子($1/8, 2/8, 3/8, \cdots$)时,电极电位将有一个突变。因此,几乎所有的不锈钢中,Cr 含量均在 12.5%(原子)以上,即 11.7%(质量)以上。

(2)加入合金元素,使钢的表面形成一层稳定的、完整的与钢的基体结合牢固的钝化膜,从而提高钢的耐化学腐蚀能力。如在钢中加入 Cr,Si,Al 等合金元素,使钢的表层形成致密的 Cr_2O_3,SiO_2,Al_2O_3 等氧化膜,就可提高钢的耐蚀性。

(3)加入合金元素,使钢在常温时能以单相状态存在,减少微电池数目,从而提高钢的耐蚀性。如加入足够数量的 Cr 或 Cr-Ni,使钢在室温下获得单相铁素体或单相铁素体或单相奥氏体。加入 Mn,N 等元素,代替部分 Ni 获得单相奥氏体组织,同时能大大提高铬不锈钢在有机酸中的耐蚀性。

碳对不锈钢的耐蚀性有重要影响,如钢中的碳完全进入固溶体,对耐蚀性无明显影响。当不锈钢中的含碳量增高时,则以碳化物的形式析出,一方面增加钢中微电池数目,同时也减少基体中的含 Cr 量,使其电极电位降低,从而加剧钢的腐蚀。因此不锈钢的碳含量应在 0.03%～0.95% 范围内。碳含量越低,则耐蚀性越好,故大多数不锈钢的碳含量为 0.1%～0.2%;对于少数制造工具、量具等的不锈钢,其含碳量较高,以获得高的强度、硬度和耐磨性。

3. 不锈钢分类

不锈钢常按组织状态分为:马氏体钢、铁素体钢、奥氏体钢等。常用不锈钢的牌号、化学成分、热处理、力学性能及用途见表 7-13。

表 7-13　常用不锈钢的牌号、化学成分、热处理、力学性能及用途
（摘自 GB/T 1220—2007）

类别	牌号	化学成分 w/%			热处理/℃		力学性能（不小于）					用途举例
		C	Cr	其他	淬火	回火	$\sigma_{0.2}$/MPa	σ_b/MPa	δ_5/%	ψ/%	硬度	
马氏体型	1Cr13	≤0.15	11.50～13.50	Si≤1.00 Mn≤1.00	950～1000 油冷	700～750 快冷	345	540	25	55	159 HB	制作抗弱腐蚀介质并承受冲击载荷的零件,如汽轮机叶片,水压机阀、螺栓、螺母等
	2Cr13	0.16～0.25	12.00～14.00	Si≤1.00 Mn≤1.00	920～980 油冷	600～750 快冷	440	635	20	50	192 HB	
	3Cr13	0.26～0.35	12.00～14.00	Si≤1.00 Mn≤1.00	920～980 油冷	600～750 快冷	540	735	12	40	217 HB	
	4Cr13	0.36～0.45	12.00～14.00	Si≤0.60 Mn≤0.80	1050～1100 油冷	200～300 空冷	—	—	—	—	50 HRC	制作具有较高硬度和耐磨性的医疗器械、量具、滚动轴承等
	9Cr18	0.90～1.00	17.00～19.00	Si≤0.80 Mn≤0.80	1000～1050 油冷	200～300 油、空冷	—	—	—	—	55 HRC	不锈切片机械刀具,剪切刀具,手术刀片,高耐磨、耐蚀件
铁素体型	1Cr17	≤0.12	16.00～18.00	Si≤0.75 Mn≤1.00	退火 780～850 空冷或缓冷		250	400	20	50	183 HB	制作硝酸工厂、食品工厂的设备

（续表）

类别	牌号	化学成分 w/%			热处理/℃		力学性能（不小于）					用途举例
		C	Cr	其他	淬火	回火	$\sigma_{0.2}$/MPa	σ_b/MPa	δ_5/%	ψ/%	硬度	
奥氏体型	0Cr18Ni9	≤0.07	17.00～19.00	Ni8.00～11.00	固溶1010～1150 快冷		205	520	40	60	187HB	具有良好的耐蚀及耐晶间腐蚀性能，为化学工业用的良好耐蚀材料
	1Cr18Ni9	≤0.15	17.00～19.00	Ni8.00～10.00	固溶1010～1150 快冷		205	520	40	60	187HB	制作耐硝酸、冷磷酸、有机酸及盐、碱溶淬腐蚀的设备零件
	1Cr18Ni9Ti	≤0.12	17.00～19.00	Ni8～11 Ti0.5～0.8	固溶920～1150 快冷		205	520	40	50	187HB	耐酸容器及设备衬里，抗磁仪表、医疗器械，具有较好耐晶间腐蚀性
奥氏体—铁素体型	0Cr26Ni5Mo2	≤0.08	23.00～28.00	Ni3.0～6.0 Mo1.0～3.0 Si≤1.00 Mn≤1.50	固溶950～1100 快冷		390	590	18	40	277HB	抗氧化性、耐点腐蚀性好，强度高，作耐海水腐蚀用等
	03Cr18Ni5Mo3Si2	≤0.030	18.00～19.50	Ni4.5～5.5 Mo2.5～3.0 Si1.3～2.0 Mn1.0～2.0	固溶920～1150 快冷		390	590	20	40	300HV	适于含氯离子的环境，用于炼油、化肥、造纸、石油、化工等工业热交换器和冷凝器等

注：1. 表中所列奥氏体不锈钢 w_{Si} 不超过 1%，w_{Mn} 不超过 2%；2. 表中所列各钢种 w_P 不超过 0.035%，w_S 不超过 0.030%

（1）铁素体不锈钢：含铬 12%～30%。其耐蚀性、韧性和可焊性随含铬量的增加而提高，耐氯化物应力腐蚀性能优于其他种类不锈钢。属于这一类的有 Cr17，Cr17Mo2Ti，Cr25，Cr25Mo3Ti，Cr28 等。铁素体不锈钢含铬量高，耐腐蚀性能与抗氧化性能均比较好，但机械性能与工艺性能较差，多用于受力不大的耐酸结构及做抗氧化钢使用。这类钢能抵抗大气、硝酸及盐水溶液的腐蚀，并具有高温抗氧化性能好、热膨胀系数小等特点，用于硝酸及食品工厂设备，也可制作在高温下工作的零件，如燃气轮机零件等。由于铁素体不锈钢在加热冷却过程中不发生相变，因而不能进行热处理强化。

（2）奥氏体不锈钢：含铬大于 18%，还含有 8% 左右的镍及少量钼、钛、氮等元素。综合性能好，可耐多种介质腐蚀。奥氏体不锈钢的常用牌号有 1Cr18Ni9，0Cr19Ni9 等。0Cr19Ni9 钢的 w_C 小于 0.08%，钢号中标记为"0"。这类钢中含有大量的 Ni 和 Cr，使钢在室温下呈奥氏体状态。这类钢具有良好的塑性、韧性、焊接性和耐蚀性能,在氧化性和还原性介质中耐蚀性均较好,用来制作耐酸设备,如耐蚀容器及设备衬里、输送管道、耐硝酸的设备零件等。奥氏体不锈钢常用的热处理为固溶处理,即将钢加热至 $1050\sim1150℃$,然后水冷,以获得单相奥氏体组织。

（3）马氏体不锈钢:强度高,但塑性和可焊性较差。马氏体不锈钢的常用牌号有 1Cr13,2Cr13,3Cr13,4Cr13 等,因含碳较高,故具有较高的强度、硬度和耐磨性,但耐蚀性稍差,主要用在力学性能要求较高,但耐蚀性能要求一般的一些零件上,如弹簧、汽轮机叶片、水压机阀等。这类钢是在淬火、回火处理后使用的。

第六节　铸铁的分类和应用

铸铁是含碳量大于 2.11% 的铁碳合金。工业用铸铁是以铁、碳、硅为主要组成元素并含有锰、磷、硫等杂质的多元合金。普通铸铁的成分大致如下: w_C 为 $2.0\%\sim4.0\%$, w_{Si} 为 $0.6\%\sim3.0\%$, w_{Mn} 为 $0.2\%\sim1.2\%$, w_P 为 $0.1\%\sim1.2\%$, w_S 为 $0.08\%\sim0.15\%$。有时为了进一步提高铸铁的性能或得到某种特殊性能,还加入 Cr,Mo,V,Al 等合金元素或提高 Si,Mn,P 等元素含量,这种铸铁称作合金铸铁。

一、铸铁的分类

碳在铸铁中,除少量溶于基体外,绝大部分是以石墨或碳化物的形式存在于铸铁中。根据碳的存在形式不同,可将铸铁区分为白口铸铁、灰口铸铁以及麻口铸铁。

1. 白口铸铁

碳全部以渗碳体形式存在的铸铁称白口铸铁,断口呈银白色。这种铸铁组织中含有大量渗碳体和莱氏体共晶,因而其性能既硬又脆,所以不宜用作结构材料,一般都用作炼钢原料。

2. 灰口铸铁

碳全部或大部分以石墨形式存在的铸铁,称作灰口铸铁,其断口呈灰暗色。生产中多用来铸造各种机械零件。

按石墨的形态不同,灰口铸铁又可分为普通灰口铸铁、可锻铸铁、球墨铸铁和蠕墨铸铁。

3. 麻口铸铁

碳一部分以渗碳体形式存在,另一部分以石墨形式存在,断口呈麻灰色。因麻口铸铁中渗碳体较多,故性质与白口铸铁相似,一般也不用于制造零件。

二、铸铁中碳的石墨化

1. 铸铁的石墨化过程

在铸铁的冷凝过程中,原则上碳既可以渗碳体的形式析出,形成白口铸铁;也可以石墨的形式析出,形成灰口铸铁。析出石墨碳的过程,称为石墨化。因此反应铸铁结晶过程的铁碳相图由有两种形式:Fe-Fe₃C 图和 Fe-G 相图,如图 7-9 所示。

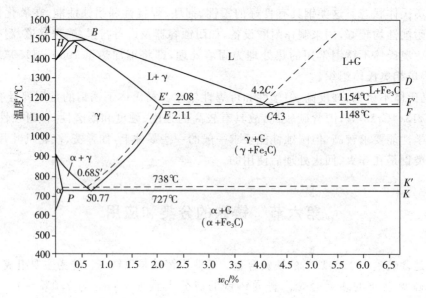

图 7 - 9 Fe - Fe₃C 和 Fe - G 双重相图

由图 7 - 9 可知,铸铁的石墨化过程可分为三个阶段:从液相中结晶出一次石墨和在共晶温度形成共晶石墨,常称作第一阶段石墨化;由共晶温度冷至共析温度时,从奥氏体中析出二次石墨,常称作第二阶段石墨化;在共析温度形成共析石墨,常称作第三阶段石墨化。三个阶段的石墨化程度不同,则铸铁的组织不同,铸铁石墨化程度与组织的关系如表 7 - 14。

表 7 - 14 铸铁石墨化程度与组织的关系

石墨化进行程度		铸铁的显微组织	铸铁类型
第一阶段石墨化	第二阶段石墨化		
完全进行	完全进行	F+G	灰口铸铁
	部分进行	F+P+G	
	未进行	P+G	
部分进行	未进行	Ld'+P+G	麻口铸铁
未进行	未进行	Ld'	白口铸铁

2. 铸铁石墨化的影响因素

碳的析出形式,主要取决于铸铁的化学成分及冷却速度。铝、碳及硅是最强烈促进石墨化的元素,而铬、硫及锰等是阻碍石墨化的元素。铸铁冷凝时,冷却速度愈慢,则愈易石墨化,反之愈易形成渗碳体。如图 7 - 10 所示。

三、常用铸铁

1. 普通灰口铸铁

碳大部分或全部以片状形式的石墨存在于铸铁中,也常称为灰铸铁。一般情况下,其石墨片都比较粗大。但若在铁水浇注前,向铁水中加入一些能起形核作用的所谓孕育剂(通常

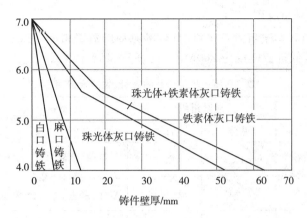

图 7-10 铸件壁厚和碳硅含量对铸铁组织的影响

是加入硅铁），将增加并加快石墨的形核，从而使石墨细化并且分布均匀。这种处理称作孕育处理，经过这种处理的灰口铸铁即称孕育铸铁。

尽管同钢相比，铸铁的机械性能较差，但是铸铁具有优良的铸造性能，良好的切削加工性能及优良的耐磨性和消震性。再加上生产简单，成本低廉，所以目前铸铁仍然是最主要的机械制造材料之一。

（1）灰口铸铁的成分、组织及性能

一般情形下，灰铸铁的化学成分如下：w_C 为 $2.7\%\sim3.6\%$，w_{Si} 为 $1.0\%\sim2.5\%$，w_{Mn} 为 $0.5\%\sim1.3\%$，w_P 不高于 0.3%，w_S 不高于 0.15%。

灰口铸铁的组织由石墨和基体两部分组成。基体可以是铁素体、珠光体或铁素体加珠光体，相当于钢的组织。因此铸铁的组织可以看成是钢基体上分布着石墨，如图 7-11 所示。

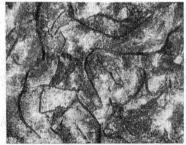
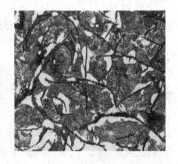

（a）铁素体灰铸铁　　　　　（b）珠光体灰铸铁　　　　　（c）铁素体-珠光体灰铸铁

图 7-11 灰铸铁的显微组织

由于石墨的强度和塑性与钢相比，几近于零。石墨的存在起着割裂基体的作用，减少了基体承受载荷的有效面积，特别当石墨呈片状时，将在石墨片的尖端产生应力集中。因而使得铸铁的强度和塑性大大低于具有同样基体的钢，其降低的程度取决于石墨的数量、形态、大小及分布。孕育铸铁由于其石墨片比较细小，分布比较均匀，故强度有所提高。在可锻铸铁及球铁中，石墨分别呈团絮状及球状，对基体的破坏作用较小，因而不仅强度得以进一步提高，而且还具有一定的塑性。

（2）灰铸铁的牌号与应用

铸铁牌号由"灰铁"二字拼音首字母"HT"和其后的数字组成。数字表示最低抗拉强度，例如 HT200，表示最低抗拉强度为 200MPa，见表 7-15。

表 7-15　灰口铸铁的牌号、性能及应用

分类	牌号	显微组织		应用举例
		基体	石墨	
普通灰口铸铁	HT100	F+P(少)	粗片	端盖、汽轮泵体、轴承座、阀壳、管子及管路附件、手轮；一般机床底座、床身及其他复杂零件、滑座、工作台等
	HT150	F+P	较粗片	
	HT200	P	中等片	汽缸、齿轮、底架、机件、飞轮、齿条、衬筒；一般机床床身及中等压力液压筒、液压泵和阀的壳体等
孕育铸铁	HT250	细珠光体	较细片	阀壳、油缸、汽缸、联轴器、机体、齿轮、齿轮箱外壳、飞轮、衬筒、凸轮、轴承座等
	HT300	索氏体或屈氏体	细小片	齿轮、凸轮、车床卡盘、剪床、压力机的机身；导板、自动车床及其他重载荷机床的床身；高压液压筒、液压泵和滑阀的体壳等
	HT350			
	HT400			

铁素体灰铸铁（HT100）用于制造盖、外罩、手轮、支架等低负荷、不重要的零件。铁素体-珠光体灰铸铁（HT150）用来制造支柱、底座、齿轮箱、工作台等承受中等负荷的零件。珠光体灰铸铁（HT200，HT250）可以制造气缸套、活塞、齿轮、床身等承受较大负荷和重要的零件。孕育铸铁（HT300，HT350）可用来制造齿轮、凸轮等承受高负荷的零件。

（3）热处理

灰铸铁热处理只能改变基体组织，不能改变石墨形态和分布，所以灰铸铁热处理不能显著改善其力学性能，主要用来消除铸件内应力、稳定尺寸、改善切削加工性等。

① 去应力退火

在铸造过程中，常会产生很大的内应力，不仅降低铸件强度，而且使铸件产生翘曲、变形，甚至开裂。因此铸铁件铸造后必须进行消除应力退火，即将铸件缓慢加热到 500～550℃，适当保温，然后随炉缓冷。

② 消除白口组织的退火或正火

铸件冷却时，表层及截面较薄部位由于冷却速度快，易出现白口组织使硬度升高，难以切削加工。通常是将铸件加热到 850～950℃，保温 1～4h，然后随炉缓冷使部分渗碳体分解，最终得到铁素体或铁素体-珠光体灰铸铁，从而消除白口、降低硬度、改善切削加工性。正火是将铸件加热到 850～950℃，保温 1～3h，然后出炉空冷，使共析渗碳体不分解，最终得到珠光体灰铸铁，从而既消除白口、改善切削加工性，又提高了铸件的强度、硬度和耐磨性。

③ 表面淬火

铸铁件和钢一样，可以采用表面淬火工艺使铸件表面获得回火马氏体加片状石墨的硬

化层,从而提高灰铁件的表面强度、耐磨性和疲劳强度,延长使用寿命。

2. 球墨铸铁

在铸铁液中加入球化剂进行球化处理后可得到球墨铸铁。球化剂的作用是使石墨呈球状析出,国外使用的球化剂主要是金属镁,我国广泛采用的球化剂是稀土镁合金。为防止球化元素所造成的白口倾向,常需要加入孕育剂为75%硅铁。球墨铸铁是20世纪50年代发展起来的一种高强度铸铁材料,其综合机械性能接近于钢,因铸造性能很好、成本低廉、生产方便,在工业中得到了广泛的应用。

(1)球墨铸铁的成分、组织与性能

球墨铸铁的化学成分与灰铸铁相比,其特点是含碳与含硅量高,含锰量较低,含硫与含磷量低,并含有一定量的稀土与镁。所以球墨铸铁的含碳量较高,一般 w_C 为 3.6% ~ 4.0%,w_{Si} 为 2.0% ~ 3.2%。

球铁的显微组织由球形石墨和金属基体两部分组成。其基体组织有可铁素体、铁素体-珠光体、珠光体三种,如图7-12所示。

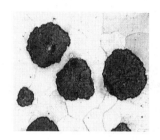 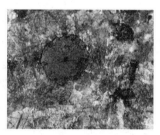 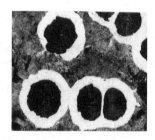

（a）铁素体球墨铸铁　　　　（b）珠光体球墨铸铁　　　　（c）铁素体-珠光体球墨铸铁

图7-12　球墨铸铁的显微组织

球墨铸铁有球状石墨存在,对基体的割裂作用大为减弱,基体组织可较充分发挥作用。因此球墨铸铁的抗拉强度、塑性、韧性要高于其他铸铁,甚至可与相应组织的铸钢相媲美,同时也具有较好的铸造性能、减摩性、切削加工性等。但球墨铸铁的过冷倾向大,易产生白口现象,而且铸件也容易产生缩松等缺陷,因而球墨铸铁的熔炼工艺和铸铁工艺都比灰铸铁要求高。

(2)球墨铸铁的牌号与应用

球墨铸铁牌号的表示方法是用"QT"代号及其后面的两组数字组成。"QT"为"球铁"二字的汉语拼音字头,第一组数字代表最低抗拉强度值,第二组数字代表最低伸长率值,如表7-16所列。

表7-16　球墨铸铁的牌号、机械性能及应用

牌号	基体	机械性能					应用举例
		σ_b/MPa	$\sigma_{0.2}$/MPa	δ_5/%	α_k/kJ/m²	硬度/HB	
QT400-17	铁素体	400	250	7	600	≤179	汽车、拖拉机床底盘零件;16~64大气压阀门的阀体、阀盖
QT420-10	铁素体	420	270	0	300	≤207	

（续表）

牌号	基体	机 械 性 能					应 用 举 例
		σ_b/ MPa	$\sigma_{0.2}$/ MPa	δ_5/ %	α_k/ kJ/m²	硬度/ HB	
QT500-5	铁素体＋珠光体	500	350	5	—	147～241	机油泵齿轮
QT600-2	珠光体	600	420	2	—	229～302	柴油机、汽油机曲轴；磨床、铣床、车床的主轴；空压机、冷冻机缸体、缸套
QT700-2	珠光体	700	490	2	—	229～302	
QT800-2	珠光体	800	560	2	—	241～321	
QT1200-1	下贝氏体	1200	840	1	300	≥38HRC	汽车、拖拉机传动齿轮

球墨铸铁通过热处理可获得不同的基体组织，其性能可在较大范围内变化，加上球墨铸铁的生产周期短成本低（接近于灰铸铁），因此球墨铸铁在机械制造业中得到了广泛的应用。它成功地代替了不少碳钢、合金钢和可锻铸铁，用来制造一些受力复杂，强度、韧性和耐磨性要求高的零件。如具有高强度与耐磨性的珠光体球墨铸铁，常用来制造拖拉机或柴油机中的曲轴、连杆、凸轮轴，各种齿轮、机床的主轴、蜗杆、蜗轮、轧钢机的轧辊、大齿轮及大型水压机的工作缸、缸套、活塞等，具有高的韧性和塑性铁素体基体的球墨铸铁，常用来制造受压阀门、机器底座、汽车的后桥壳等。

（3）球墨铸铁的热处理

球墨铸铁的力学性能与基体组织有关，通过热处理可改变球墨铸铁的基体组织而改善其力学性能。其常用的热处理方法有退火、正火、等温淬火、调质处理等。

① 退火

a. 去应力退火。去应力退火工艺是将铸件缓慢加热到500～620℃，保温2～8h，然后随炉缓冷。其目的是消除铸造应力，由于球墨铸铁铸造后产生残余应力倾向比灰铸铁大，对形状复杂、壁厚不均匀的铸件，应及时进行去应力退火。

b. 石墨化退火。石墨化退火的目的是消除白口，降低硬度，改善切削加工性以及获得铁素体球墨铸铁。根据铸态基体组织不同，其可分为高温石墨化退火和低温石墨化退火两种。

其一，高温石墨化退火。为了获得铁素体球墨铸铁，需要进行高温石墨化退火，是将铸件加热到900～950℃，保温2～4h，使自由渗碳体石墨化，然后随炉缓冷至600℃，使铸件发生第二和第三阶段石墨化，再出炉空冷。

其二，低温石墨化退火。当铸态基体组织为珠光体、铁素体，而无自由渗碳体存在时，为了获得塑性、韧性较高的铁素体球墨铸铁，可进行低温石墨化退火。低温退火工艺是把铸件加热至720～760℃，保温2～8h，使铸件发生第二阶段石墨化，然后随炉缓冷至600℃再出炉空冷。

② 正火

球墨铸铁正火的目的是获得珠光体组织，并使晶粒细化、组织均匀，从而提高零件的强度、硬度和耐磨性，并可作为表面淬火的预先热处理。正火可分为高温正火和低温正火两种。

a. 高温正火。高温正火工艺是把铸件加热至共析温度范围以上,一般为 900~950℃,保温 1~3h,使基体组织全部奥氏体化,然后出炉空冷,使其在共析温度范围内,由于快冷而获得珠光体基体。对含硅量高的厚壁铸件则应采用风冷,或者喷雾冷却,以保正火后能获得珠光体球墨铸铁。

b. 低温正火。低温正火工艺是把铸件加热至 820~860℃,保温 1~4h,使基体组织部分奥氏体化,然后出炉空冷,低温正火后获得珠光体分散铁素体球墨铸铁,可以提高铸件的韧性与塑性。

③ 等温淬火

球墨铸铁等温淬火工艺是把铸件加热至 860~920℃,保温一定时间,然后迅速放入温度为 250~350℃的等温盐浴中进行 0.5~1.5h 的等温处理,然后取出空冷。等温淬火后的组织为下贝氏体、少量残余奥氏体、少量马氏体及球状石墨。

④ 调质处理

调质处理的淬火加热温度和保温时间,基本上与等温淬火相同,即加热温度为 860~920℃。除形状简单的铸件采用水冷外,一般都采用油冷。淬火后组织为细片状马氏体和球状石墨,然后再加热到 550~600℃,回火 2~6h。

球墨铸铁除能进行上述各种热处理外,为了提高球墨铸铁零件表面的硬度、耐磨性、耐蚀性及疲劳极限,还可以进行表面热处理,如表面淬火、渗氮等。

3. 可锻铸铁

可锻铸铁是由一定成分的白口铸铁经石墨化退火后形成。其中的碳全部或大部以团絮状石墨形式存在于铸铁中。它又称韧性铸铁或马铁。可锻铸铁实际上并不可锻,只不过具有一定塑性而已。

(1)可锻铸铁的成分、组织和性能

目前生产中,可锻铸铁的碳含量 w_C 为 2.2%~2.8%,硅含量 w_{Si} 为 1.0%~1.8%,锰含量 w_{Mn} 为 0.4%~1.2%,含硫与含磷量应尽可能降低,一般要求 w_P 低于 0.2%,w_S 低于 0.18%。

可锻铸铁的组织由基体和团絮状石墨组成。根据基体组织不同,可锻铸铁主要有铁素体可锻铸铁和珠光体可锻铸铁,如图 7-13 所示。

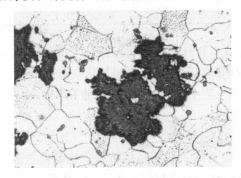
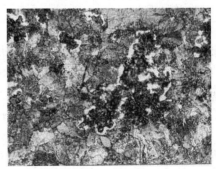

(a)黑心可锻铸铁　　　　　　　　　(b)珠光体可锻铸铁

图 7-13　可锻铸铁的显微组织

由于可锻铸铁中的石墨呈团絮状,对基体的割裂作用较小,因此它的力学性能比灰铸铁高,塑性和韧性好,但可锻铸铁并不能进行锻压加工。可锻铸铁的基体组织不同,其性能也不一样,其中黑心可锻铸铁具有较高的塑性和韧性,而珠光体可锻铸铁具有较高的强度、硬度和耐磨性。

可锻铸铁与球墨铸铁相比具有铁水处理简易、质量稳定、废品率低等优点,因此生产中常用其制作一些截面较薄而形状较复杂、工作时受震动而强度、韧性要求较高的零件,因为这些零件如用灰铸铁制造,则不能满足力学性能要求,如用球墨铸铁铸造,易形成白口,如用铸钢制造,则铸造性能较差,质量不易保证。

(2)可锻铸铁的牌号与应用

牌号中"KT"是"可铁"两字汉语拼音的首字母,其后面的"H"表示黑心可锻铸铁,"Z"表示珠光体可锻铸铁;符号后面的两组数字分别表示其最小的抗拉强度值(MPa)和伸长率值(%)。可锻铸铁的牌号、力学性能及用途如表7-17所列。

表7-17 可锻铸铁的牌号、力学性能及用途

种类	牌号	试样直径 mm	力学性能			硬度/ HBS	用途举例
			σ_b/ MPa	$\sigma 0.2$/ MPa	δ/%		
			不小于				
黑心可锻铸铁	KTH300-06	12或15	300		6	不大于150	弯头、三通管件、中低压阀门等
	KTH300-08		330		8		扳手、犁刀、犁柱、车轮壳等
	KTH350-10		350	200	10		汽车、拖拉机前后轮壳、减速器壳、转向节壳、制动器及铁道零件等
	KTH370-12		370		12		
珠光体可锻铸铁	KTZ450-06	12或15	450	270	6	150~200	载荷较高和耐磨损零件,如曲轴、凸轮轴、连杆、齿轮、活塞环、轴套、耙片、万向接头、棘轮、扳手、传动链条等
	KTZ550-04		550	340	4	180~250	
	KTZ650-02		650	430	2	210~250	
	KTZ750-02		700	530	2	240~290	

可锻铸铁的强度和韧性均较灰铸铁高,并具有良好的塑性与韧性,常用作汽车与拖拉机的后桥外壳、机床扳手、低压阀门、管接头、农具等承受冲击、震动和扭转载荷的零件;珠光体可锻铸铁塑性和韧性不及黑心可锻铸铁,但其强度、硬度和耐磨性高,常用作曲轴、连杆、齿轮、摇臂、凸轮轴等强度与耐磨性要求较高的零件。

4. 蠕墨铸铁

蠕墨铸铁是铁液经过蠕化处理,大部分石墨为蠕虫状石墨的铸铁。蠕墨铸铁的基体形式为:铁素体、珠光体、铁素体加珠光体。蠕墨铸铁的显微组织如图7-14所示。

蠕化前的铁液(原铁水)成分的选择与球墨铸铁的原铁液成分的选择相似,一般要求高碳、低硅、低磷硫,通常w_C为3.5%~3.9%,w_{Si}为1.1%~2.0%,w_{Mn}为0.4%~0.8%,w_P

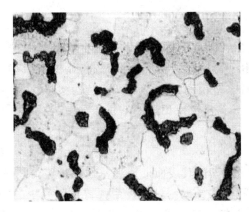
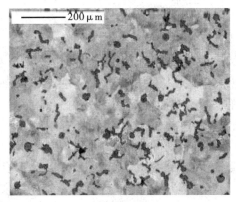

（a）铁素体蠕墨铸铁 　　　　　　　　　（b）珠光体蠕墨铸铁

图 7-14　蠕墨铸铁的显微组织

小于 0.1%，w_S 小于 0.1%。

经蠕化处理后的铁液也需要进行孕育处理，主要是消除蠕化元素所引起的白口组织，并细化石墨，使共晶团数量增多。蠕化孕育处理后的蠕墨铸铁，w_{Si} 常被调整到 2.0%～3.0%，加镁钛蠕化剂时，镁残余量控制在 0.015%～0.03%，钛残余量控制在 0.08%～0.1%；加稀土镁钛蠕化剂时，稀土氧化物残余量控制在 0.001%～0.002%，镁残余量控制在 0.015%～0.035%，钛残余量控制在 0.06%～0.13%。

蠕墨铸铁是 20 世纪 60 年代开发的一种新型铸铁材料，由于蠕虫状石墨的形态介于片状与球状之间，所以蠕墨铸铁的力学性能介于灰铸铁和球墨铸铁之间，其铸造性能、减振性和导热性都优于球墨铸铁，与灰铸铁相近。由于蠕墨铸铁兼有球墨铸铁和灰铸铁的性能，因此，它具有独特的用途，在钢锭模、汽车发动机、排气管、玻璃模具、柴油机缸盖、制动零件等方面的应用均取得了良好的效果。表 7-18 所示为常见的蠕墨铸铁的牌号、力学性能及用途。

表 7-18　常见的蠕墨铸铁的牌号、力学性能及用途

牌号	力学性能				用途举例
	σ_b/MPa 不小于	$\sigma_{0.2}$/MPa 不小于	δ/% 不小于	硬度/HBS	
RuT260	260	195	3	121～197	增压器进气壳体、汽车底盘零件等
RuT300	300	240	1.5	140～217	排气管、变速箱体、气缸盖、液压件、纺织机零件、钢锭模等
RuT340	340	270	1.0	170～249	重型机床件大型齿轮箱体、盖、座、飞轮、起重机卷筒等
RuT380	380	300	0.75	193～274	活塞环、气缸套、制动盘、钢珠研磨盘、吸淤泵体等
RuT420	420	335	0.75	220～280	

5. 其他铸铁

(1)耐磨铸铁

在灰铸铁中加入少量合金元素(如磷、钒、钼、锑、稀土等),可以增加金属基体中珠光体数量,且使珠光体细化,同时也细化了石墨。由于铸铁的强度和硬度升高,显微组织得到改善,使得这种灰铸铁(如磷铜钛铸铁、磷钒钛铸铁、铬钼铜铸铁、稀土磷铸铁、锑铸铁等)具有良好的润滑性和抗咬合抗擦伤的能力。耐磨灰铸铁广泛应用于制造机床导轨、汽缸套、活塞环、凸轮轴等零件。

(2)耐蚀铸铁

目前生产中,主要通过加入硅、铝、铬等合金元素使其表面形成致密的保护膜,或在铸铁中加入镍、铜等元素以提高基体的电极电位来提高铸铁的耐蚀性。耐蚀铸铁牌号中的"ST"为"蚀铁"两字汉语拼音的首字母,后面为合金元素及其含量。国家标准 GB/T 8491—2009 规定的耐蚀铸铁牌号较多,其中应用最广泛的是高硅耐蚀铸铁(HTSSi15R),主要应用于化工部门,用来制造管道、阀门、泵类、反应锅及盛贮器等。

习 题

7-1 什么是合金钢和合金元素? 合金钢和碳钢相比具有哪些主要优点?

7-2 合金钢分为几大类? 各类合金钢牌号的表示方法有何异同?

7-3 写出钢中几种主要合金元素的作用。

7-4 试述下列牌号是什么钢。

20CrMnTi,16Mn,40Cr,60Si2Mn,GCr15

7-5 什么叫渗碳钢? 其含碳量有什么特点?

7-6 合金调质钢常加的合金元素主要是哪几个? 它们在调质钢中的主要作用是什么?

7-7 滚动轴承钢的含碳量和铬的含量有什么特点? 铬含量的多少对滚动轴承钢有什么影响?

7-8 工具钢应具备哪些基本性能? 合金工具钢与碳素工具钢的基本性能有哪些区别?

7-9 说明下列牌号中字母和数字的含义?

9SiCr,CrWMn,Cr12MoV,5CrMnMo,3Cr2W8V

7-10 什么叫红硬性? 红硬性的好坏对刀具有什么影响?

7-11 常用的冷、热作模具钢的含碳量有什么区别? 指出下列牌号各属哪种模具钢。

9CrSi,CrWMn,Cr12MoV,CrW5,3Cr2W8V,5CrNiMo,5CrMnMo

7-12 不锈钢是否永远不生锈? 其耐蚀机理是什么? 以组织分不锈钢有几种? 其性能有何异同?

第八章　有色金属及其合金

金属材料分为黑色金属和有色金属两大类。黑色金属主要是指铁及其合金；而把铁、锰、铬以外的所有金属及其合金统称为有色金属。有色金属品种繁多，在工程上应用较多的主要有铝、铜、镁、钛、锌等及其合金，以及轴承合金。

虽然有色金属的产量和用量不如黑色金属多，但由于其具有许多钢铁材料所没有的特殊物理和化学性能，如高的比强度和耐蚀性，特殊的电、磁、热性能，因而已成为现代工业尤其是许多高科技产业中不可缺少的材料。

第一节　铝及铝合金

铝是地壳中储量最多的金属元素之一，成本相对较低，因此铝及其合金是目前工业中用量最大的非铁金属材料，广泛应用于航空航天工业、汽车机械业、船舶及化工工业等领域。

一、纯铝

1. 纯铝的特点

纯铝是一种银白色的轻金属，密度为 $2.7g/cm^3$，大约是铁和铜的 1/3。具有面心立方结构，无同素异构转变，熔点为 660℃。纯铝的导电、导热性好，仅次于银、铜和金，在金属中列第四位。铝在大气中极易和氧结合生成致密的氧化铝保护膜，可阻止铝的进一步氧化，因而具有良好的抗大气腐蚀性能，但不耐酸、碱、盐的腐蚀。纯铝塑性好（$A \approx 50\%$，$Z \approx 80\%$），强度、硬度低（R_m 为 $80 \sim 100MPa$，硬度为 20HBW），适合进行各种冷热加工，特别是塑性加工。纯铝不能进行热处理强化，冷变形是提高强度的唯一手段。纯铝主要用于制作导线材料及某些要求质轻、导热和防锈但强度要求不高的用品或器具。

2. 工业纯铝的分类及牌号

纯铝中通常含有铁、硅、铜、锌、镁等杂质元素，按其纯度分为纯铝（$99\% < w_{Al} < 99.85\%$）和高纯铝（$w_{Al} > 99.85\%$）两类。纯铝也可分为未经压力加工产品（铸造纯铝）及压力加工产品（变形铝）两种。国家标准 GB/T 8063—1994 规定，铸造纯铝牌号由"铸"字的汉语拼音首字母"Z"和铝的化学元素符号"Al"及表明铝含量的数字组成，例如 ZAl99.5 表示 w_{Al} 为 99.5% 的铸造纯铝。变形铝的牌号按国家标准 GB/T 16474—2011 规定，采用国际四位字符体系的方法命名，即用"1×××"等表示。牌号第二位的字母表示原始纯铝的改型情况，如果字母为 A，则表示为原始纯铝，若为其他字母（如 B），则表示为原始纯铝的改型。牌号的最后两位数字表示铝质量分数的百倍(质量分数×100)所得数的小数点后面两位数字,例如,牌号 1A30 表示 w_{Al} 为 99.30% 的原始纯铝。国家标准 GB/T 3190—2008 规定,我国常用变形铝的牌号有 1A50,1A30 等,高纯铝的牌号有 1A99,1A97,1A93,1A90,1A85 等。

二、铝合金的分类

纯铝的强度低,不宜作为受力的结构材料使用。为了提高纯铝的强度,加入适当量的硅、铜、镁、锌、锰等合金元素即可得到较高强度的铝合金。此外,铝合金还具有密度小,比强度(强度与密度之比)高,良好的导电性、导热性及耐蚀性等优点。因此,铝合金可用于航空工业、军事工业等工业中制造承受较大载荷的机械零件和构件。

按成分和生产工艺特点的不同,铝合金可分为变形铝合金和铸造铝合金两大类。

(1)变形铝合金

由图 8-1 可见,成分位于 D 点以左的合金,当加热至固溶线 DF 以上时,得到单相 α 固溶体,塑性很好,适宜进行压力加工,故称为变形铝合金。变形铝合金又可分为不能热处理强化的铝合金和热处理强化的铝合金两种。不能热处理强化的铝合金,是指成分位于 F 点左边的合金,主要是指防锈铝合金(LF)。这部分合金在加热或冷却时,没有相变,溶解度也没有发生变化,所以称为不能进行热处理强化的铝合金。能热处理强化的铝合金,是指成分位于 F 和 D 之间的合金,主要有硬铝(LY)、超硬铝(LC)和锻铝合金(LD)。这部分合金其 α 固溶体成分随温度而变化,可以进行热处理强化,属于能热处理强化的铝合金。

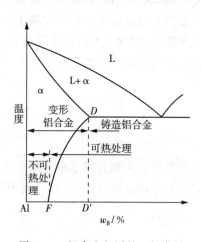

图 8-1　铝合金相图的一般类型

(2)铸造铝合金

铸造铝合金是指由液态直接浇注成工件毛坯的铝合金。如图 8-1 所示,成分位于 D 点以右的铝合金,结晶时有共晶反应发生,固态下具有共晶组织,塑性差,熔点低,流动性较好,适宜铸造生产,故称为铸造铝合金。主要有 Al-Si 合金、Al-Cu 合金、Al-Mg 合金和 Al-Zn 合金等。

需要注意的是,以 D 点划分铝合金的分类并不是绝对的。例如,有些铝合金的成分虽位于 D 点右边,但仍可压力加工,所以这一部分铝合金也可归属于变形铝合金。

三、铝合金的强化及回归处理

1. 铝合金的强化

铝合金的强化主要有加工硬化、细晶强化、固溶与时效强化等方式:

加工硬化——对不能热处理强化的防锈铝合金施以冷压力加工,产生加工硬化而强化。

细晶强化——对铸造铝合金可以通过变质处理来细化晶粒从而提高强度。

固溶与时效强化——将可以热处理强化的铝合金加热到 α 相区,保温后形成单相的固溶体,然后快冷(淬火),使溶质原子来不及析出,至室温获得过饱和的α固溶体组织,这一热处理过程称为固溶处理。由于淬火后获得的过饱和固溶体是不稳定的,有析出第二相(强化相)的趋势,在室温长时间放置或加热至100～200℃一定时间保温后,逐渐向稳定转变,第二相析出并偏聚,阻碍位错运动,使合金抗拉强度和硬度明显上升而塑性显著下降。我们把这种固溶处理(淬火)后的合金随时间而发生的强度和硬度提高的现象,称为时效硬化或时效强化。在室温下发生的时效称为自然时效,而在加热的条件下进行的时效称人工时效。固溶-时效强化是铝合金强化的主要途径,只适合于可以热处理强化的铝合金。成分位于D点附近的合金,时效强化效果最大。合金成分位于F点以左的合金,加热和冷却时没有组织的变化,显然无法对其进行时效强化。成分位于F点以右的合金,其组织为α固溶体与第二相的混合物,因为时效过程只在α固溶体中发生,故其时效强化效果将随合金成分向右远离F点而逐渐增大至D附近,时效强化效果最明显。

　　图8-2(a)是w_{Cu}为4%的铝合金自然时效的曲线。经淬火后,其强度R_m为250MPa,比处理前有所提高。由图可知,时效强化初期强度变化很小,这段时间称为孕育期。铝合金在孕育期内有很好的塑性,此时可对其进行各种冷塑性变形加工。若将此合金在室温下放置4～5天,R_m可达400MPa,相当于进行了自然时效,以后强度不发生变化。

　　另外,铝合金的时效强化效果还与加热温度和保温时间有关。图8-2(b)表示w_{Cu}为4%的铝合金在不同温度下的人工时效曲线。从图中可以看出,提高时效温度,可使孕育期缩短,时效速度加快,但时效温度越高,强化效果越低。在室温以下则温度越低,强化效果越低,当温度低于-50℃时,强度几乎不增加,即低温可以抑制时效的进行。若时效温度过高或保温时间过长,合金会软化,将此现象称为过时效。

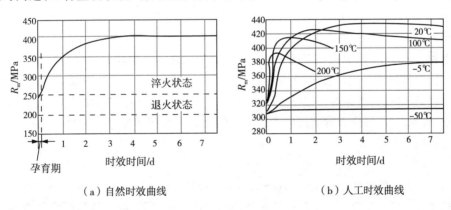

（a）自然时效曲线　　　　　　　（b）人工时效曲线

图8-2　w_{Cu}为4%的铝合金时效曲线

2. 铝合金的回归处理

回归处理是指将已经自然时效强化的铝合金,重新加热到200～250℃,经短时间保温,使强化相重新溶入固溶体中,然后快速水冷至室温时,使合金可以重新变软的处理。经回归处理后的铝合金仍能进行时效强化,但每次回归处理后,其时效后强度逐次下降,回归次数一般不超过四次。回归处理在实际生产中具有重要意义,时效后的铝合金可在回归处理后的软化状态下进行各种冷变形加工。利用这种现象可以进行飞机的修理和铆接。例如,飞机零件在使用过程发生变形,常采用回归处理使铝合金软化,重新铆接和修复。人工时效处理后的铝合金没有回归这一现象。

四、变形铝合金

根据性能特点不同,铝合金可分为防锈铝合金、硬铝合金、超硬铝合金和锻铝合金。通常将这些铝合金的铸锭经冷、热加工后制成各种规格的型材、板材、棒材、带材、线材、管材等。

1. 防锈铝合金(代号 LF)

防锈铝合金主要是 Al-Mn 系和 Al-Mg 系合金。合金元素锰可提高抗蚀能力,并起固溶强化作用。镁也有固溶强化作用,同时可降低比重。防锈铝合金锻造退火后是单相固溶体,其性能特点是耐蚀性好,强度比纯铝高,塑性优良,但不能进行热处理强化,只能通过冷变形进行强化。防锈铝合金在航空工业中应用广泛,主要用于制造承受制造焊接的零件、管道、容器及铆钉等,如油箱、防锈蒙皮及壳体、导管等。

2. 硬铝合金(代号 LY)

硬铝合金是 Al-Cu-Mg 系合金。主要合金元素铜和镁的主要作用是形成强化相 $CuAl_2$ 和 $CuMgAl_2$,其中 $CuMgAl_2$ 相具有很高的室温强化作用,并且具有较高的耐热性作用。硬铝合金可以通过固溶时效处理来提高强度和硬度,同时其耐热性好,但塑性、韧性低,主要用于制造飞机螺旋桨、叶片、骨架等。

但硬铝的耐蚀性低于纯铝,更不耐海水腐蚀;尤其是硬铝中的铜的固溶体和化合物带来的晶间腐蚀导致其耐蚀性剧烈下降。因此,必须加入适量的锰,对硬铝板材还可采用表面包一层纯铝或包覆铝,以增加其耐蚀性。

3. 超硬铝合金(代号 LC)

超硬铝合金为 Al-Zn-Mg-Cu 系合金,并含有少量的铬和锰。这类合金与硬铝相比,经固溶强化和时效强化后,形成很多的强化相($CuAl_2$,$CuMgAl_2$,$MgZn_2$ 和 $Al_2Mg_3Zn_3$)。这种合金时效强化效果最好,可以获得相当于超高强度钢的比强度,因而成为目前强度最高的一类铝合金。同时,超硬铝合金还具有较好的热塑性,适宜压延、挤压和锻造,焊接性能也较好。但其耐热性低、耐蚀性差,且应力腐蚀倾向大。超硬铝合金主要用于制造飞机的受力件,如飞机的起落架、大梁、桁架等。

4. 锻铝合金(代号 LD)

锻铝合金为多数属于 Al-Cu-Mg-Si 系普通锻造铝合金和 Al-Cu-Mg-Ni-Fe 系耐热锻造铝合金。这类铝合金具有良好的热塑性和锻造性能,用于制造各种形状复杂、强度要求较高的各类锻件或模锻件,并且通常在固溶处理和人工时效后使用,其力学性能与硬铝相当。

根据国家标准 GB/T 16474—2011 规定,变形铝合金牌号用四位字符体系表示,即 $2\times\times\times \sim 9\times\times\times$。牌号第一位的数字表示铝合金的组别,用 2,3,4,5,6,7,8,9 分别表示铜、锰、硅、镁、镁和锌、锌、其他元素为主要合金元素的铝合金及备用合金;牌号第二位字母表示改型情况,A 为原始铝合金,B~Y 为改型情况;牌号最后两位数字表示用以标识同一组中不同的铝合金,如 3A21,7A04 等。变形铝合金的代号(旧牌号)的表示方法为:两位字母(汉语拼音首字母)加顺序号。如 LF11 表示防锈铝合金系列中的 11 号。常见变形铝合金的牌号、热处理、力学性能及用途见表 8-1。

表 8-1 常用变形铝合金的牌号、热处理、力学性能及用途

(摘自 GB/T 3190—2008 和 GB/T 16475—2008)

类别	原代号	牌号	热处理	力学性能			用 途 举 例
				R_m/MPa	$A(\%)$	HBW	
防锈铝合金	LF5	5A05	O	280	20	70	焊接油箱、油管、铆钉、中载零件及制品
	LF11	5A11	O	270	20	70	
	LF21	3A21	O	130	20	30	要求高的可塑性和良好的焊接性、在液体或气体介质中工作的低载荷零件,如油箱、油管、液体容器、饮料罐等
硬铝合金	LY11	2A11	T4	420	18	100	中等强度的结构件,如滑架、螺旋叶片、铆钉等
	LY12	2A12	T4	480	11	131	较高强度的结构件,如翼梁、长桁等
超硬铝合金	LC4	7A04	T6	600	12	150	制造飞机的主要结构受力件,如桁条、大梁、翼肋、蒙皮及起落架等
锻铝合金	LD5	2A50	T6	420	13	105	制造形状复杂和中等强度的锻件
	LD7	2A70	T6	440	13	120	高温下工作的复杂锻件和结构件、内燃机活塞
	LD10	2A14	T6	480	10	135	制造承受高负荷或较大型的锻件

注:O—退火;T4—固溶处理＋自然时效;T6—固溶处理＋人工时效

五、铸造铝合金

根据国家标准 GB/T 1173—2013 规定,铸造铝合金牌号为:ZAl＋主要合金元素符号＋合金含量的百分数。如果合金元素质量分数小于1%,一般不标数字,必要时可用以为小数表示。例如 ZAlSi5Cu1Mg 表示含硅含量约5%,含镁量小于1%。若牌号后加"A"表示优质合金。

铸造铝合金代号为:ZL("铸铝"汉语拼音首字母)＋三位数字。第一位数字表示合金系列(1 为 Al-Si 系、2 为 Al-Cu 系、3 为 Al-Mg 系、4 为 Al-Zn 系);第二、三位数字表示合金顺序号,序号不同,化学成分也不同。例如,ZL102 表示铝-硅系中的 02 号铸造铝合金,即 ZAlSi12。若为优质合金后面加"A"。

部分常见铸造铝合金的牌号、主要性能特点和用途见表 8-2。

表 8-2 常用铸造铝合金的牌号、代号、主要性能特点及用途

(摘自 GB/T 1173—1995 和 GB/T 15115—94)

类别	牌号	代号	主要性能特点	用途举例
铝硅合金	ZAlSi12	ZL102	熔点低,密度小,流动性好,收缩率小,耐蚀性、焊接性好,切削加工性差,不能热处理强化,有足够的强度,但耐热性差	形状复杂的仪表壳体、水泵壳体、工作温度在 200℃ 以下高气密性、低载零件等
	ZAlSi5Cu1Mg	ZL105	铸造性能好,不需变质处理,可热处理强化,焊接性、切削加工性好,强度高,塑韧性低	形状复杂、工作温度为 250℃ 以下的零件,如风冷发动机的汽缸头,机匣、油泵壳体
	ZAlSi12Cu2Mg1	ZL108	铸造工艺性能优良,线收缩小,可铸造尺寸精确的铸件,强度高、耐磨性好,需要变质处理	汽车、拖拉机的活塞及耐热零件,工作温度不大于 250℃ 的零件
铝铜合金	ZAlCu5Mn	ZL201	铸造性差,耐蚀性差,可热处理强化,室温强度高,韧性好,焊接性能、切削性能好,耐热性好	承受中等载荷,工作温度为 175～300℃ 的零件,如内燃机气缸头、活塞、挂梁架、支臂等
	ZAlCu10	ZL202	硬度较高	形状简单、表面粗糙要求较细的中等承载零件
铝镁合金	ZAlMg10	ZL301	铸造性能差,耐热性不高,焊接性差,切削性能好,能耐大气和海水腐蚀	长期在大气或海水工作的零件,在 150℃ 以下工作,承受大震动载荷的零件,如船舰配件等
	ZAlMg5Si1	ZL303	铸造性能比 ZL301 好,热处理不能明显强化,但切削性能好,焊接性好,耐蚀性一般,室温力学性能较低	承受中等载荷,工作温度 200℃ 以下耐蚀零件,如轮船、内燃机配件等
铝锌合金	ZAlZn11Si7	ZL401	铸造性能优良,需要变质处理,不经热处理可以达到高的强度,焊接性和切削性能优良,耐蚀性低	压力铸造零件,工作温度在 200℃ 以下,结构形状复杂的汽车、飞机、仪表零件等

1. 铝-硅系合金(代号 ZL1)

通常又称为铝硅明,其中不含其他合金元素的称为简单铝硅明,除硅外还含有其他合金元素的称为特殊铝硅明。这类合金是铸造性能与力学性能配合最佳的一种铸造合金,应用十分广泛。简单铝硅明除具有优良的铸造性能外,还具焊接性能好、比重小、抗蚀性和耐热性相当好等优点,但致密度较小,强度不够高,主要用于制造质量轻、形状复杂、耐蚀,但强度要求不高的铸件,如发动机气缸、仪表壳体等。特殊铝硅明中的合金元素可以形成一些类似于硬铝中的强化相,经固溶时效处理后可获得很高的强度和硬度,是制造发动机活塞的常用材料(如 ZL108,ZL109)。

2. 铝-铜系合金(代号 ZL2)

这类合金时效强化效果好,是铸造铝合金中强度和耐热性最高的,但其铸造性能和耐蚀性较差,故主要用来制造要求较高强度或高温下不受冲击的零件,如增压器的导风叶轮、静叶片等。

3. 铝-镁系合金(代号 ZL3)

铝镁合金具有密度小、耐蚀性好、强度高等优点,但其铸造性能和耐热性较差,多用于制造在腐蚀介质下工作的、可承受冲击载荷的、外形不太复杂的零件,如舰船和动力机械配件、氨用泵体等。

4. 铝-锌系合金(代号 ZL4)

铝锌合金价格便宜,铸造性能好,经变质处理和时效处理后强度较高。但其密度较大、耐蚀性差,热裂倾向大,常用于制造结构形状复杂的汽车、拖拉机的发动机零件及仪器元件,也可用于制造生活用品。

第二节 铜及铜合金

铜及铜合金在我国有着悠久的使用历史,广泛应用于兵器、工具制造等方面。由于其具有优良的导电性能、导热性能、抗腐蚀性和良好的成形性能,现在仍在工业中有着重要的应用。铜在我国有色金属材料的消费中仅次于铝,被广泛地应用于电气、轻工、机械制造、建筑工业、国防工业等领域。

一、纯铜

纯铜呈玫瑰色,表面易被氧化形成紫色的氧化铜薄膜层,故又称为紫铜。纯铜的熔点为 $1083\,^\circ\!C$,密度为 $8.9\,g/cm^3$,属于重金属范畴。纯铜具有优良的导电性、导热性、耐蚀性、抗磁性和塑性,易于冷、热加工,广泛应用于制造电线、电缆、电刷、各种传热体、磁学仪器、防磁器械等。

纯铜结晶后具有面心立方晶格结构,无同素异构转变,表现出优良的塑性(A 为 $45\%\sim 50\%$),可进行冷、热变形加工;但强度、硬度不高,在退火状态下,强度 R_m 为 $200\sim 250\,MPa$,硬度为 $40HB\sim 50HB$。采用冷变形加工可使铜的强度 R_m 提高到 $400\sim 500\,MPa$,硬度提高到 $100HB\sim 200HB$,但塑性急剧下降至 A 为 2% 左右。若需恢复塑性,可进行再结晶退火处理。

纯铜的含铜量为 $99.50\%\sim 99.90\%$,主要杂质有铅、铋、氧、硫、磷等。这些杂质对铜的性能影响很大,不仅可使纯铜的导电性下降,而且还会使纯铜在冷、热加工过程中发生冷脆和热脆现象。因此,必须严格控制纯铜的杂质含量。

工业纯铜的牌号用 T("铜"的汉语拼音首字母)及顺序号表示。序号越大,纯度越低。常见工业纯铜的牌号、化学成分及用途见表 8-3。

表 8-3 纯铜的牌号、化学成分及用途(GB/T 5231—2012)

牌号	铜的质量分数/%	杂质的质量分数/%		杂质总质量分数/%	用 途 举 例
		Bi	Pb		
T1	99.95	0.002	0.005	0.05	导电材料和配置高纯度合金

（续表）

牌号	铜的质量分数/%	杂质的质量分数/%		杂质总质量分数/%	用途举例
		Bi	Pb		
T2	99.90	0.002	0.005	0.10	导电材料，制作电线、电缆等
T3	99.70	0.002	0.010	0.30	一般用铜材，如电气开关、垫圈、垫片、铆钉、油管、管道、管嘴

二、铜合金

纯铜的强度低，不宜作为结构材料。虽然可以通过冷加工的方式提高其强度，但同时导致材料的塑性急剧地下降。显然通过冷加工提高铜强度的办法不是一种理想的方法。因此，要想保证铜的高塑性前提下提高强度，必须在纯铜中加入合金元素，利用铜合金化的办法提高强度。常用的合金元素有锌、锡、铝、锰、镍等。铜合金与纯铜相比不仅强度明显提高，而且保持了纯铜优良的物理性能和化学性能。

铜合金是以纯铜为基体加入一种或几种其他元素所构成的合金。按化学成分不同可分为黄铜、青铜、白铜三大类；根据生产方法不同分为压力加工铜合金和铸造铜合金。

1. 黄铜

以锌为主加入合金元素的铜合金称为黄铜。黄铜具有较好的力学性能，塑性好，易加工成型，对大气和海水有较好的耐蚀性，价格便宜，且色泽美丽，是应用最广泛的铜合金。黄铜按所含合金元素种类分为普通黄铜和特殊黄铜两种；按生产方式分为压力加工黄铜和铸造黄铜。常用部分黄铜的牌号、化学成分、力学性能及用途见表 8-4。

表 8-4 常用部分黄铜的牌号、化学成分、力学性能及用途

（摘自 GB/T 5231—2012、GB/T 1176—2013、GB/T 2040—2008）

类别	牌号	化学成分 w/%		力学性能*		用途举例
		Cu	其他	R_m/MPa	A/%	
普通黄铜	H90	88.0～91.0	Zn 余量	$\dfrac{245}{392}$	$\dfrac{35}{5}$	双金属片、供水和排水管、证章、艺术品等（又称金色黄铜）
	H68	67.0～70.0	Zn 余量	$\dfrac{294}{392}$	$\dfrac{40}{13}$	复杂的冷冲压件、散热器外壳、弹壳、导管、波纹管、轴套等
	H62	60.5～63.5	Zn 余量	$\dfrac{300}{420}$	$\dfrac{40}{10}$	销钉、铆钉、螺钉、螺母、垫圈、弹簧、夹线板、散热器等
	ZCuZn38	60.0～63.0	Zn 余量	$\dfrac{295}{295}$	$\dfrac{30}{30}$	一般结构件，如散热器、螺钉、支架等

（续表）

类别	牌号	化学成分 $w/\%$		力学性能*		用　途　举　例
		Cu	其他	R_m/MPa	$A/\%$	
特殊黄铜	HSn62-1	61.0～63.0	Sn0.7～1.1 Zn 余量	$\dfrac{249}{392}$	$\dfrac{35}{5}$	与海水和汽油接触的船舶零件（又称海军黄铜）
	HPb59-1	57.0～60.0	Pb0.8～1.9 Zn 余量	$\dfrac{343}{441}$	$\dfrac{25}{5}$	热冲压及切削加工零件，如销、螺母、轴套等（又称易切削黄铜）
	HAl59-3-2	57.0～60.0	Al2.5～3.5 Ni2.0～3.0 Zn 余量	$\dfrac{380}{650}$	$\dfrac{50}{15}$	船舶、电机及其他在常温下工作的高强度耐蚀零件
	HMn58-2	57.0～60.0	Mn1.0～2.0 Zn 余量	$\dfrac{382}{588}$	$\dfrac{25}{5}$	海轮制造业和弱电用零件
	HSi80-3	79.0～81.0	Si2.5～4.5 Zn 余量	$\dfrac{300}{350}$	$\dfrac{15}{20}$	船舶零件，在海水、淡水和蒸汽（<265℃）条件下工作的零件
	ZCuZn25Al6 Fe3Mn3	60.0～66.0	Al5.0～7.0 Fe2.0～4.0 Mn1.5～2.5 Zn 余量	$\dfrac{725}{745}$	$\dfrac{7}{7}$	要求强度和耐蚀性的零件，如压紧螺母、重型蜗杆、轴承、衬套等
	ZCuZn40 Mn3Fe1	53.0～58.0	Mn3.0～4.0 Fe0.5～1.5 Zn 余量	$\dfrac{440}{490}$	$\dfrac{18}{15}$	轮廓不复杂的重要零件、海轮上在300℃下工作的管配件、螺旋桨等大型铸件

注：* 力学性能中数字的分母，对压力加工黄铜为硬化状态（变形程度为50%）的数值，对铸造黄铜为金属型铸造时的数值；分子，对压力加工黄铜为退火状态（600℃）的数值，对铸造黄铜为砂型铸造时的数值

（1）普通黄铜

普通黄铜为铜和锌组成的二元合金。压力加工普通黄铜的牌号为"H＋铜的百分含量"，如 H68 表示 w_{Cu} 为68%，其余为锌的普通黄铜。铸造普通黄铜的牌号为"Z＋Cu＋Zn＋锌的百分含量"，如 ZCuZn38 表示锌含量为38%的铸造普通黄铜。

普通黄铜的组织和力学性能受锌含量的影响，当 w_{Zn} 小于32%时，合金处于单相 α 固溶体状态，随锌含量的增加，合金强度、塑性均增加，适于冷加工变形；当 w_{Zn} 为32%～45%时，组织中有少量的脆性相 CuZn 化合物析出，随锌含量的增加，合金塑性下降、强度上升，不易进行冷加工变形；当 w_{Zn} 大于45%时，组织中全部为脆性相 CuZn，合金强度和塑性急剧下降，无实用价值。所以工业黄铜的锌含量大多不超过47%。

普通黄铜具有优良的变形加工性能，如 H62 为双相黄铜[图8-3（b）为 H62 双相黄铜的显微组织]，强度较高，有一定的耐蚀性，广泛用于制造水管、油管、散热器垫片及螺钉等；H68 为单相黄铜具有优良的冷、热塑性变形能力，适宜经冷冲压或冷深拉制造成各种复杂且要求耐蚀的管套类零件，曾大量用于制造弹壳，有"弹壳黄铜"之称。

 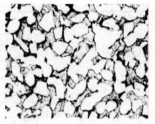

（a）单相黄铜　　　　　　　　（b）双相黄铜

图 8-3　黄铜的显微组织

另外，普通黄铜的抗腐蚀性能与纯铜接近，在大气和淡水中稳定，但不耐海水、氨、铵盐和酸类介质，易产生"脱锌"和"自裂"两种腐蚀形式。

脱锌是指黄铜在酸性或盐类溶液中，由于 Zn 优先溶解而被腐蚀，在工件表面残存一层多孔状（海绵状）的纯铜，合金因此受到破坏。为防止脱锌，可选用 w_{Zn} 低于 15% 的黄铜。压力加工后的黄铜，内部有残余应力，在大气中，特别是在有氨气、氨溶液、汞盐溶液和海水中易产生应力腐蚀，致使黄铜破裂，这种现象称自裂（季裂，应力腐蚀）。对于 w_{Zn} 高于 25% 的黄铜，更易出现这种自裂。为防止黄铜发生自裂，加工后的黄铜必须及时进行去应力退火或向黄铜中加入一定量的 Sn，Si，Mn，Ni 等，显著降低应力腐蚀倾向，也可采用镀锌和镀锡等电镀层加以保护，以防止自裂。

（2）特殊黄铜

特殊黄铜是指在普通黄铜的基础上加入其他合金元素的铜合金。常加入的元素有锡、铅、铝、硅、锰、铁等，故也称为锡黄铜、铅黄铜、铝黄铜等。加入这些合金元素后可以细化晶粒，从而提高强度和耐蚀性，特殊黄铜也称高强度黄铜。

特殊黄铜具有比普通黄铜更高的强度、硬度、抗蚀性、抗应力腐蚀破裂和良好的铸造性能，常用来制造螺旋桨、压紧螺母等许多重要的船用零件及其他耐磨零件，在造船、电机及化学工业中得到广泛应用。

压力加工特殊黄铜的牌号表示为"H＋除锌外的主加合金元素的化学元素符号＋铜含量的百分含量＋除锌外的主加合金元素百分含量＋其他合金元素百分含量"，如 HSi80-3表示含铜为 80%，含硅为 3%，其余为锌的压力加工特殊黄铜。铸造特殊黄铜的牌号为"ZCu＋合金元素的化学元素符号＋合金元素百分含量"，如 ZCuZn40Pb2 表示 w_{Zn} 为 40%，w_{Pb} 为2%，其余为铜的铸造铅黄铜。

2. 青铜

青铜是 Cu-Sn 合金，表面呈青灰色。现将除黄铜、白铜以外的铜合金均称青铜，并常在青铜名字前冠以第一主要添加元素的名，如常见的锡青铜、铝青铜、铍青铜、硅青铜等。

青铜也可分为压力加工青铜和铸造青铜。压力加工青铜的牌号为："青"字的汉语拼音首字母"Q"＋主加合金元素的化学符号＋主加合金元素百分含量＋其他合金元素百分含量。例如 QSn4-3 表示主加元素为锡，其质量百分数为 4%，另一合金元素锌的质量百分数为 3% 的锡青铜。铸造用青铜的牌号在前面加"Z"（"铸"字的汉语拼音首字母），例如ZCuSn10P1 表示，w_{Sn} 为 10%，w_P 为 1%，其余为铜的铸造锡青铜。常用青铜的牌号、化学成分、力学性能及用途见表 8-5。

表 8-5 常用青铜的牌号、化学成分、力学性能及用途

(摘自 GB/T 5231—2012、GB/T 1176—2013、GB/T 2040—2008、GB/T 4423—2007)

类型		牌号(代号)	化学成分 w/%		力学性能*		用途举例
			第一主加元素	其他	R_m/MPa	A/%	
锡青铜	压力加工	QSn4-3	Sn3.5~4.5	Zn2.7~3.3 Cu余量	$\frac{350}{550}$	$\frac{40}{4}$	弹性元件,化工机械中的耐磨、耐蚀件,管配件,抗磁零件等
		QSn6.5-0.1	Sn6.0~7.0	Pb0.1~0.25 Cu余量	$\frac{400}{600}$	$\frac{65}{180}$	弹簧、接触片、振动片、精密仪器中的耐磨零件等
	铸造	ZCuSn10Pb1 (ZQSn10Pb1)	Sn9.0~11.5	Pb0.5~1.0 Cu余量	$\frac{220}{310}$	$\frac{3}{2}$	重要的减摩零件,如轴承、轴套及蜗轮、摩擦轮、机床丝杆螺母等
		ZCuSn5Pb5Zn5 (ZQSn5-5-5)	Sn4.0~6.0	Zn4.0~6.0 Pb4.0~6.0 Cu余量	$\frac{180}{200}$	$\frac{8}{10}$	低速、中载荷的轴承、轴套及蜗轮等耐磨零件
特殊青铜	压力加工	QAl7	Al6.0~8.5	Cu余量	$\frac{470}{980}$	$\frac{70}{3}$	重要用途的弹簧和弹性元件
		QBe2	Be1.8~2.1	Ni0.2~0.5 Cu余量	淬化500 时效1250	$\frac{25}{2~4}$	重要的弹簧及弹性元件,耐磨件及在高速、高压、高温下工作的轴承
	铸造	ZCuAl10Fe3 (ZQAl10-3)	Al8.5~11.0	Fe2.0~4.40 Cu余量	$\frac{490}{540}$	$\frac{13}{15}$	耐磨零件(压下螺母、轴承、蜗轮、齿圈)及在蒸汽、海水中工作的高强度耐蚀件
		ZCuPb30 (ZQPb30)	Pb27.0~33.0	Cu余量	—	—	高滑动的双金属轴瓦、减摩零件,如大功率航空发动机、柴油机曲轴及连杆的轴承、齿轮、轴套等

注:* 力学性能中数字的分母,对压力加工黄铜为硬化状态(变形程度为50%)的数值,对铸造黄铜为金属型铸造时的数值;分子,对压力加工黄铜为退火状态(600℃)的数值,对铸造黄铜为砂型铸造时的数值

(1)锡青铜

锡青铜是以锡为主加元素的铜合金。工业上使用的锡青铜的锡含量 w_{Sn} 一般为3%~14%。w_{Sn} 低于5%的锡青铜适用于冷变形加工,w_{Sn} 为5%~7%的锡青铜适用于热加工;锡含量大于10%的锡青铜强度较高,适于铸造。

锡青铜虽然铸造流动性差,易产生分散气孔、枝晶偏析,但体积收缩率是有色金属合金

中最小的,因此适用于铸造形状复杂,壁厚较大的零件。但由于分散缩孔,从而使铸件的密度低,在高水压下易于漏水,故不适于铸造要求密度高和密封性好的铸件。

锡青铜在大气、海水及无机盐溶液中有较好的耐蚀性,比纯铜和黄铜好,但在盐酸、硫酸和氨水中的耐蚀性较差。此外,锡青铜还具有良好的耐磨性、抗磁性和弹性。锡青铜广泛用于制造轴承、轴套、弹性元件以及耐蚀、抗磁零件等。

(2)铝青铜

铝青铜是以铝为主加元素的铜合金。铝青铜的力学性能受铝含量影响很大。当 w_{Al} 低于 5%时强度很低;w_{Al} 高于 5%后强度迅速上升,当 w_{Al} 为 10%左右时强度最高,适宜铸造。因此实际应用的铝青铜中铝的质量分数一般为 5%~12%,其中 w_{Al} 为 5%~7%的合金可进行冷变形压力加工;w_{Al} 为 7%~12%时,适宜热加工和铸造。与黄铜和锡青铜相比,铝青铜具有更高的强度、硬度、耐磨性、耐热性及耐大气、海水腐蚀的能力,相对价廉,是无锡青铜中用途最广的一种。

铝青铜多在铸态或经热加工后使用。压力加工铝青铜塑性、耐蚀性好,具有一定的强度,主要用于制造要求高耐蚀的弹簧及弹性元件。铸造铝青铜强度、耐磨性、耐蚀性高,常用于制造强度及摩擦性要求较高的零件,主要用于制造船舶、飞机及仪器中的高强、耐磨、耐蚀件,如齿轮、轴承、蜗轮、轴套、螺旋桨等。

(3)铍青铜

是以铍为主加元素(w_{Be} 为 1.7%~2.5%)的铜合金。由于铍在铜中的溶解度随温度变化很大,因而铍青铜有很好的固溶时效强化效果,因此铍青铜经淬火加时效处理后,其 R_m 可达 1200~1400MPa,硬度达 350HBW~400HBW,接近于中强度钢的水平,塑性方面 A 为 2%~4%。

另外,铍青铜具有较高的疲劳强度、弹性极限、耐磨性、耐蚀性,良好的导电性、导热性和耐低温性,无磁性,受冲击时不起火花,是一种综合性能较好的结构材料。在工业中主要用于制造精密仪器、仪表中的重要弹性件、耐磨件等,如钟表齿轮、精密弹簧、膜片,高速、高压下工作的轴承以及防爆工具、航海罗盘、电焊机电极等重要机件。但因其价格昂贵,工艺复杂,铍青铜的应用受到限制。

3. 白铜

在铜合金中,除黄铜和青铜外还有白铜。白铜是 Cu-Ni 系合金和 Cu-Ni-Zn 系、Cu-Ni-Mn 系合金的统称。以镍为唯一合金元素的白铜称为普通白铜,其牌号为"B+镍元素平均百分含量",如 B19 表示镍含量为 19%。普通白铜中加入 Zn,Mn,Fe 等合金元素的铜基合金称为特殊白铜,其牌号为"B+主加元素符号(Ni 除外)+镍元素平均百分含量+主加元素平均百分含量",如 BZn15-20 表示镍含量为 15%,锌含量为 20%的锌白铜。

普通白铜具有较高的耐蚀性和抗腐蚀疲劳性能及优良的冷热加工性能,广泛用于制造在蒸汽、海水和淡水环境下工作的精密机械、仪表中零件及冷凝器、蒸馏器、热交换器等。特殊白铜的耐蚀性、强度和塑性高,成本低,常用于制造精密机械、仪表零件及医疗器械等。含锰量高的白铜可以用来制作热电偶丝和变阻器。

需要注意的是,铜合金虽具有优良的物理性能、化学性能和工艺性能,但是铜金属资源有限,价格较贵,因此如果能用铝合金满足结构设计要求时,尽量不要选用铜合金。

第三节　钛及钛合金

钛是一种工业新金属,具有优良的综合性能,是 20 世纪 40 年代发展起来的一种重要的结构金属。钛及钛合金具有高的比强度、高的耐热性、极好的耐蚀性和低温韧性(−250℃仍保持良好的塑性和韧性),因此在化工、造船和航空航天等方面已得到广泛的应用。但钛及其合金的加工条件较杂,成本高,在一定程度上限制了应用。

1. 工业纯钛

纯钛是一种灰白色的轻金属,熔点高(1688℃),密度小(4.507g/cm³),比同体积的钢轻43%,导热性差。钛的热膨胀系数小,使其在高温工作条件下或热加工过程中产生的热应力小。另外,钛的强度低,比强度高,塑性、低温韧性和耐蚀性好,具有良好的加工工艺性能,切削加工性能与不锈钢接近。钛在 550℃以下空气中十分稳定,表面容易形成薄而致密的惰性氧化膜,使其在氧化性介质中的耐蚀性优于大多数的不锈钢。但是,当工作温度在 600℃以上时,氧化膜会失去保护作用。同时,纯钛在海水和氯化物中具有优良的耐蚀性,并且在硫酸、硝酸、盐酸、氢氧化钠等介质中都具有良好的稳定性,甚至在王水中也能抵抗侵蚀,但是不能抵抗氢氟酸的侵蚀作用。

固态下,钛在 882.5℃时会发生同素异构转变:$\alpha-Ti \xrightleftharpoons[\hspace{1em}]{882.5℃} \beta-Ti$。在 882.5℃以上为$\beta-Ti$,呈体心立方晶格;882.5℃以下为$\alpha-Ti$,呈密排六方晶格。这种转变对强化钛合金具有很重要的应用意义。

纯钛的力学性能与其纯度有很大关系,微量的杂质(氢、氧、氟除外)能显著提高其强度。纯钛主要用于 350℃以下工作、强度要求不高的低载荷零件,如石油化工用的热交换器,柴油机活塞,海水净化装置,超音速飞机的蒙皮、构架及发动机零部件等。工业纯钛按杂质含量不同分为四个等级:TA0,TA1,TA2,TA3。其中"T"为钛的汉语拼音首字母,后面的数字表示纯度,数字越大杂质含量越高,强度越高,塑性越低。常用工业纯钛的牌号、化学成分、力学性能和用途如表 8-6 所示。

表 8-6　常用工业纯钛的牌号、化学成分、力学性能和用途

(摘自 GB/T 3621—2007)

牌号	主要的杂质化学成分 $w/\%$					室温力学性能			用途
	Fe	C	N	H	O	材料状态	R_m/MPa	$A/\%$	
TA1	0.25	0.10	0.03	0.015	0.20	M	300～500	30～40	适用于 350℃以下的低载荷零件
TA2	0.30	0.10	0.05	0.015	0.25	M	450～600	25～30	
TA3	0.40	0.10	0.05	0.015	0.30	M	550～700	20～25	

注:1. Ti 为余量;2. M 为退火态。

2. 钛合金

在钛中加入合金元素可形成钛合金。与工业纯铁相比,钛合金密度小、强度高、耐磨性好、热强度高。不同合金元素对钛的强化作用、同素异构转变温度及相稳定性的影响都不同。Al,C,N,B 和 H 等元素在 α-Ti 中的固溶度较大,形成 α 固溶体,同时能使钛的同素异构转变温度升高,这些元素称为 α 相稳定元素;Fe,Mo,Mg,Cr,Mn 和 V 等元素在 β-Ti 中的固溶度较大,形成 β 固溶体,同时能使钛的同素异构转变温度降低,故这些元素称为 β 相稳定元素;而 Sn,Zr 等元素在 α-Ti 和 β-Ti 中的固溶度都较大,但对钛的同素异构转变温度影响不大,这类元素称为中性元素。在众多的合金元素中,尤以 Al 的作用最为显著。Al加入 Ti 中可以稳定钛合金的 α 相,使其获得固溶强化,提高钛合金的强度。另外,铝能提高钛合金的再结晶温度,而且密度比钛还要小,加入铝后能明显提高钛合金的比强度,所以几乎所有钛合金中都含有铝。

按退火或淬火状态的组织不同,钛合金可分为 α 型钛合金、β 型钛合金和 α＋β 型钛合金三类,常用钛合金的牌号、化学成分、力学性能及用途见表 8-7。

表 8-7　常用钛合金的牌号、化学成分、力学性能及用途

类别	牌号	化学成分	材料状态	室温力学性能			高温力学性能			用途举例
				R_m/MPa	A/%		试验温度/℃	R_m/MPa	A/%	
α 型钛合金	TA4	Ti-3Al	M	700	12		—	—	—	500℃ 以下的长期工作的零件,如飞机压气机叶片、航空发动机叶片等结构件
	TA5	Ti-4Al-0.005B	M	700	15		—	—	—	
	TA6	Ti-5Al	M	700	12～20		350	430	400	
	TA7	Ti-5Al-2.5Sn	M	735～930	12～15		350	490	440	
β 型钛合金	TB1	Ti-3Al-8Mo-11Cr	Z	1100	16		—	—	—	350℃ 以下工作的零件,如压气机叶片、飞机结构件等
			CS	1300	5		—	—	—	
	TB2	Ti-5Mo-5V-8Cr-3Al	Z	1000	20		—	—	—	
			CS	1350	8		—	—	—	
α＋β 型钛合金	TC1	Ti-2Al-1.5Mn	M	600～800	20～25		350	350	350	400℃ 以下工作的板、冲压和焊接零件
	TC2	Ti-4Al-1.5Mn	M	700	12～15		350	430	400	500℃ 以下工作的焊接件、模锻件和经弯曲加工的各种零件
	TC3	Ti-5Al-4V	M	900	8～10		500	450	200	400℃ 以下工作的零件

（续表）

类别	牌号	化学成分	室温力学性能			高温力学性能			用途举例
			材料状态	R_m/MPa	A/%	试验温度/℃	R_m/MPa	A/%	
α+β型钛合金	TC4	Ti-6Al-4V	M	950	10	400	630	580	400℃以下长期工作的零件和结构锻件,如火箭发动机外壳低温燃料箱、坦克履带等
			CS	1200	8				
	TC10	Ti-6Al-6V-2Sn-0.5Cu-0.5Fe		1050	8～10	400	850	800	450℃以下长期工作的零件和结构锻件,如飞机结构件、起落架、导弹发动机外壳等

注:1. Ti 为余量。2. M—退火态;C—淬火;CS—淬火加人工时效;Z—正火

1. α型钛合金

当 Ti 中加入稳定 α 相的 Al,C,N,B 等元素时,这些元素不但能溶于 α-Ti 中形成 α 固溶体,还能提高钛的同素异构转变温度,相图上 α 相区存在的温度范围扩大,从而使合金获得单相 α 固溶体,故称为 α 型钛合金。这类合金的淬火强化效果不大,实际生产中一般不进行淬火处理,热处理只起到消除应力或消除加工硬化的作用。α 型钛合金在室温下的强度低于 β 钛合金和 α+β 钛合金,但热稳定性、热强性、低温韧性、焊接性及耐蚀性优越。

α 钛合金的牌号同样用"TA"加序号表示,如 TA4～TA8 等。主要用于制造 500℃ 以下工作的零件,如飞机发动机压气机盘和叶片、导弹的燃料罐及飞船上的高压低温容器等。其中以 TA7 最常用,常用于宇宙飞船上的高压容器,TA8 常用于发动机的叶片。

2. β型钛合金

当 Ti 中加入稳定 β 相的 Fe,Mo,Mg,Cr,V 等元素时,这些元素不但能溶于 β-Ti 中形成 β 固溶体,还能降低钛的同素异构转变温度,扩大相图上的 β 相区,甚至到室温,从而使合金获得单相 β 固溶体,故称为 β 型钛合金。这类合金可进行热处理强化。与铝合金的热处理强化方法类似,即淬火加时效处理可获得 β 相中弥散分布着细小 α 相粒子的组织。β 型钛合金淬火后具有良好的塑性,可进行冷变形加工。经淬火时效后,合金强度明显提高,且焊接性好,但热稳定性差。

β 钛合金的牌号用"TB"加序号表示。这类合金虽有较高的强度,但因其耐蚀性较差、熔炼工艺复杂,主要用于 350℃ 以下使用重载荷回转件,如压气机叶片、轮盘等,还可用于制造结构件和紧固件,如轴、弹簧等。

3. α+β型钛合金

当钛中同时加入稳定 α 相与 β 相的元素时,可使合金获得 α+β 的双相组织,故称为 α+β

型钛合金。这类合金可进行淬火时效强化,通常在退火后使用。α+β型钛合金兼具α型钛合金和β型钛合金的优点,强度高,塑性好,具有良好的热强性、耐蚀性和低温韧性,但其热稳定性较差。

α+β钛合金的牌号用"TC"加序号表示,共九个牌号,应用于高、低温工作条件下的机构件。其中牌号为TC4的合金应用最广、用量最大,该合金主要用于制造400℃以下和低温下工作的零件,如火箭发动机外壳、火箭和导弹的液氢燃料箱部件等。

第四节　滑动轴承合金

轴承是机床、汽车及其他机器中的重要零件,目前工业上使用的轴承有滚动轴承和滑动轴承两类。滚动轴承中的内、外套圈和滚动体是采用滚动轴承钢制造;而滑动轴承中的轴瓦和内衬采用滑动轴承合金制造。与滚动轴承相比,滑动轴承具有承压面积大、工作平稳、无噪声以及拆装方便等优点,因此广泛应用于磨床的主轴轴承、发动机轴承、连杆轴承、汽轮机轴承等。

一、轴承合金的性能要求和组织

滑动轴承的结构一般是由轴承体和轴瓦组成。轴瓦直接支持转动的轴,承受着轴颈传给的静载荷,而且还要承受一定的交变载荷和冲击载荷,并与轴颈发生强烈的摩擦,造成磨损。轴的加工制造困难,成本高,更换麻烦,一般情况下,更换轴承要简单些。为延长机器的使用寿命,必须减小轴与轴承间的摩擦,以保证机器长期正常运转。因此,对轴承合金的性能要求如下:

(1)高的疲劳强度和抗压强度,保证能够承受轴颈所施加的压力。

(2)足够的塑性和韧性,保证轴承与轴颈自动磨合,并能承受冲击和振动。

(3)良好的耐蚀性和热导性,较小的膨胀系数,防止轴瓦和轴因强烈摩擦升温发生咬合。

(4)有高的耐磨性、良好的磨合性和较小的摩擦因数,低的摩擦系数是为保证对轴的磨损要小,在润滑条件下能有储存润滑油的空隙和对润滑油有抗腐蚀的性能。

根据滑动轴承在工作时的条件和性能要求,轴承合金的组织最好是在软基体上分布着硬质点(如图8-4所示),或者是在硬基体上分布着软质点。这样,当轴在轴瓦中转动时,软组织被磨损而凹陷,可储存润滑油,形成连续的油膜;硬组织耐磨则相对凸起来支撑轴颈,减

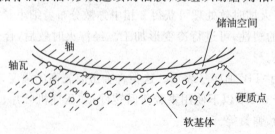

图8-4　滑动轴承合金的理想组织示意图

小轴承和轴颈的实际接触面,较小摩擦。另外,软组织可承受冲击和振动,而且还可嵌藏外来的小硬物,以免擦伤轴颈。

二、常用滑动轴承合金

按主要化学成分可分为锡基、铝基、铅基、铜基、铁基等轴承合金。下面重点介绍使用较多的锡基与铅基轴承合金,又称巴氏合金。

轴承合金一般在铸态下使用,因此轴承合金的牌号表示方法为:Z+基体元素符号+主加元素符号+主加元素的质量百分数+辅加元素符号+辅加元素的质量百分数。例如,ZSnSb4Cu4 表示主加合金元素 Sb 的含量 w_{Sb} 为 4％,辅加合金元素 Cu 的含量 w_{Cu} 为 6％,余量为锡的锡基轴承合金;ZPbSb15Sn10 表示主加合金元素 Sb 的含量 w_{Sb} 为 15％,辅加合金元素 Sn 的含量 w_{Sn} 为 10％,余量为铅的铅基轴承合金。

(1)锡基轴承合金(锡基巴氏合金)

锡基轴承合金是以锡为基础,加入锑(Sb)、铜等元素组成的合金,具有软基体上分布着硬质点的组织特征。其软基体是 Sb 溶于 Sn 的 α 固溶体,硬质点是以 Sb 与 Sn 形成的 SnSb 化合物为基的固溶体及 Sn 与 Cu 形成的化合物 Cu_6Sn_5,如图 8-5 所示,图中暗色部分为软基体,白色块状为硬质点。锡基轴承合金膨胀系数和摩擦因数小,导热性、抗咬合能力强,耐蚀性和工艺性好,但疲劳强度较差,成本高,工作温度低于 150℃。适于制造内燃机、汽轮机、车床主轴等大型机器的高速轴瓦。

(2)铅基轴承合金(铅基巴氏合金)

铅基轴承合金是以铅为基础,加入锑、铜、锡等元素组成的合金,同样具有软基体上分布着硬质点的组织特征。其软基体是 α+β 共晶体(α 是 Sb 在 Pb 中的固溶体,β 是 Pb 在 Sb 中的固溶体),硬质点为初生 β 相、SnSb 和 Cu_3Sn,如图 8-6 所示,图中暗色部分为共晶体的软基体,白色块状为硬质点。铅基轴承合金的性能低于锡基轴承合金,但价格便宜,工作温度低于 120℃。适用于汽车、轮机、柴油机、减速机等中、低载荷下工作运转的轴瓦。

图 8-5　锡基合金的显微组织(100×)

图 8-6　铅基合金的显微组织(100×)

为了提高锡基、铅基轴承合金的承载能力,常将它们作为内衬材料浇注在钢制轴瓦上,形成双金属轴承。除上述巴氏合金外,还有 ZCuPb30(铅青铜)和 ZCuSn10P1(锡青铜)两类青铜常作为轴承材料。它们又称为铜基合金,具有硬基体软质点的组织特征,有着比巴氏合金高的承载能力、疲劳强度及耐磨性,可直接用于高速、高载荷下的发动机轴承。常用轴承合金的类别、牌号、主要化学成分、硬度及用途如表8-8所示。

表8-8 常用轴承合金的类别、牌号、主要化学成分、硬度及用途
（摘自 GB/T 1174—1992）

类别	牌号	主要化学成分 w/%					硬度 HBW	用途举例
		Sb	Cu	Pb	Sn	杂质		
锡基	ZSnSb12Pb10Cu4	11.0～13.0	2.5～5.0	9.0～11.0	余量	0.55	≥29	一般机械的主轴轴承,但不适于高温工作
	ZSnSb8Cu4	7.0～8.0	3.0～4.0	0.35	余量	0.55	≥24	一般大机器轴承及轴衬,重载汽车发动机的双金属轴承
	ZSnSb4Cu4	4.0～5.0	4.0～5.0	0.35	余量	0.50	≥20	涡轮内燃机的高速轴承及轴承衬
铅基	ZPbSb15Sn5Cu3Cd2	14.0～16.0	2.5～3.0	余量	5.0～6.0	0.4	≥32	船舶机械,小于250kW的电动机轴承、抽水机轴承
	ZPbSb15Sn10	14.0～16.0	0.7	余量	9.0～11.0	0.45	≥24	中等压力的机械,高温轴承
	ZPbSb10Sn6	9.0～11.0	0.7	余量	5.0～7.0	0.70	≥18	重载荷、耐蚀、耐磨轴承
铜基	ZCuPb30	—	余量	30	—	—	≥25	高速高压航空发动机、高压柴油机轴承

习 题

8-1 铝及铝合金的物理、化学、力学及加工性能有什么特点?

8-2 硅铝明是指哪一类铝合金?它为什么要进行变质处理?

8-3 铝合金能像钢一样进行马氏体相变强化吗?可以通过渗碳、氮化的方式表面强化吗?为什么?

8-4 铝合金的自然时效与人工时效有什么区别?选用自然时效或人工时效的原则是什么?

8-5 铜合金的性能有何特点?铜合金在工业上的主要用途是什么?

8-6 哪些合金元素常用来制造复杂黄铜?这些合金元素在黄铜中存在的形态是怎样的?

8-7 锡青铜属于什么合金?为什么工业用锡青铜的含锡量一般不超过14%?

8-8 试比较钛合金的热处理强化方式与钢、铝合金的热处理强化方式的异同。

8-9 滑动轴承合金具备怎些的组织特点和性能?常用滚动轴承有哪几种?

8-10 巴氏合金的组织有什么特点?这些的组织特点对于保证轴承合金的性能有什么优越性?

8-11 指出下列牌号(代号)合金的类别、主要合金元素及主要性能特征。

5A05,2A70,ZL102,H68,ZSnSb8Cu4,QSn4-3,HMn58-2,ZCuZn16Si4,QBe2

第九章　非金属材料

除金属材料之外,常用的有工程材料高分子材料、陶瓷材料和复合材料三大类。这些材料品种繁多,已经越来越多应用在国民经济各个领域。

第一节　高分子材料

一、高分子的基本概念

高分子材料是指以高分子化合物为主要成分,与各种添加剂配合而形成的材料。高分子化合物是指相对分子质量大于 10^4 的有机化合物。常见的高分子材料的相对分子质量在 10^4 和 10^6 之间,主要包括橡胶、塑料、纤维、涂料、胶黏剂和高分子基复合材料等。

1. 高分子化合物的组成

高分子材料是由大量的大分子构成的,而大分子是由一种或多种低分子化合物通过聚合连接起来的链状或网状的分子。因此,高分子化合物又称聚合物或高聚物。由于分子的化学组成及聚集状态不同,而形成性能各异的高聚物。

组成高分子化合物的低分子化合物称为单体。大分子链中的重复单元称为链节;链节的重复数目称为聚合度。例如,聚乙烯大分子是由聚乙烯重复连接而成的,其单体为 $CH_2 = CH_2$,链节为 $-CH_2-CH_2-$。

2. 高分子化合物的合成方法

由低分子化合物合成为高分子化合物的反应称为聚合反应,其方法有加成聚合反应(简称加聚)和缩合聚合反应(简称缩聚)。

(1)加聚反应

小分子的烯烃或烯烃的取代衍生物在加热和催化剂作用下,通过加成反应结合成高分子化合物的反应,这种反应称为加成聚合反应。加聚反应一般按链式反应机理进行,不会停留在中间阶段,聚合物是唯一反应的产物,聚合物的化学组成与所用单体相同。

若加聚反应的单体只有一种,则反应为均聚反应,产物为均聚物;若单体为两种或两种以上,则反应称为共聚反应,产物有共聚物。加聚反应可分为本体聚合、溶液聚合、悬液聚合和乳液聚合四种。

(2)缩聚反应

缩聚反应是一类有机化学反应,是具有两个或两个以上官能团(如羟基—OH、氨基—NH_2、羧基—COOH 等)的单体,相互反应生成高分子化合物,同时产生有简单分子(如

H_2O、卤化氢、醇等)的化学反应。兼有缩合出低分子和聚合成高分子的双重过程,反应产物称为缩聚物。缩聚反应可停留在中间而得到中间产品,聚合物的化学组成与所用单体不同。

若缩聚反应的单体为一种,反应称为缩聚反应,产品为缩聚物;若缩聚反应的单体为多种,反应称为共聚物反应,产品为缩聚物。缩聚反应可分为熔融缩聚和溶液缩聚两种。

3. 高分子材料的性能

(1)力学性能

与金属材料的力学性能相比,高分子材料的强度、硬度低。如塑料的抗拉强度一般低于100MPa,但是高分子材料的密度小,只有钢的1/8~1/4,所以其比强度比金属高。高分子材料的断裂也有脆性断裂和韧性断裂两种。高分子材料内部结构不均一,含有许多微裂纹,造成应力集中,使裂纹容易很快发展。某些高分子材料在一定介质中,在小应力下就可断裂,称为环境应力断裂。与其他非金属材料相比,高分子的塑性相对较好,其韧性也是比较好的。但是只有在材料的强度和塑性都高时,其韧性的绝对值才可能高。而高分子材料的强度低,因此其冲击韧性值比金属低得多,一般仅为金属的百分之一,这也是高分子材料不能作为重要的工程结构材料使用的主要原因之一。高分子材料的硬度低,但耐磨性高。如塑料的摩擦因数小,有些还具有自润滑性能,在无润滑和少润滑的摩擦条件下,它们的耐磨、减摩性能要比金属材料高很多。

高分子材料的弹性模量只有金属的千分之一,但弹性变形大,其延伸率可高达金属的一千倍,这就是高聚物的高弹性。而黏弹性是指弹性变形,它不仅与外力有关,还与时间成正比的弹性变形。高分子材料的黏弹性行为变现为蠕变、应力松弛、滞后和内耗。蠕变是指材料在恒温恒载下,形变随时间延长而逐渐增加的现象。应力松弛是指在恒温下,当变形保持不变,应力却随时间延长而发生衰减的现象。滞后是在交变载荷下,高分子材料形状变化落后于应力变化的现象。滞后产生的原因是分子间的内摩擦。内摩擦所消耗能量变成无用的热能的现象称为内耗。

(2)其他性能

高分子材料具有良好的电绝缘性和化学稳定性,但其热导低,容易老化。高分子材料在加工、贮存或使用过程中,由于受到光、热、辐射、机械力、氧、化学介质和微生物等因素的长期作用,性能逐渐变差,如变硬、变脆、变色,直到失去使用价值的过程称为老化。大分子的交联和降解是老化过程中的两种主要反应。老化也是高分子材料的一个缺点,通常要对其采取抗老化措施:对高聚物改性,改变大分子结构,提高稳定性;进行表面处理,表面镀金属或喷涂一层耐老化涂料,隔绝与外界的联系;加入各种稳定剂,如热稳定剂、抗氧化剂等。

二、塑料

塑料的主要成分为高分子聚合物(或称合成树脂),通常还会在其中添加各种辅助材料,如填料、增塑剂、润滑剂、稳定剂、着色剂等。

塑料是一种重要的高分子材料,具有密度小、抗腐蚀能力强、电绝缘性好、易加工成型、防水、成本低等优点。但也存在一些缺点,如易蠕变,强度、硬度、刚度和韧性等力学性能远低于金属材料;散热性差,膨胀系数大;性能受环境(温度、光、水、油等)影响很大,耐热性差,容易自燃产生有毒气体;等等。另外,某些塑料无法自然降解,会对环境造成严重的影响。

1. 塑料的组成

（1）树脂

合成树脂是由低分子聚合反应所获得的高分子化合物,在塑料中的含量一般为 40%～100%。由于含量大,而且决定了塑料的性质,所以绝大多数塑料都是以所用树脂的名称来命名的。例如聚氯乙烯塑料的主要成分是聚氯乙烯树脂,酚醛塑料的主要成分是酚醛树脂。

（2）填料

填料又叫填充剂,通常可分为有机填料(如木粉、碎布、纸张和各种织物纤维等)和无机填料(如玻璃纤维、硅藻土、石棉、炭黑等)两类,它可以提高塑料的强度和耐热性能,并降低成本。例如酚醛树脂中加入木粉后可大大降低成本,使酚醛塑料成为最廉价的塑料之一,同时还能显著提高机械强度。

（3）增塑剂

增塑剂一般是指能与树脂混溶,无毒、无臭,对光、热稳定的高沸点有机化合物,最常用的是邻苯二甲酸酯。增塑剂可增加塑料的可塑性和柔软性,降低脆性,使塑料易于加工成型。例如生产聚氯乙烯塑料时,若加入较多的增塑剂便可得到软质聚氯乙烯塑料,若不加或少加增塑剂(用量低于 10%)则得到硬质聚氯乙烯塑料。

（4）稳定剂

为了防止合成树脂在加工和使用过程中受光和热的作用分解和破坏,延长使用寿命,要在塑料中加入稳定剂。常用的有硬脂酸盐、环氧树脂等。

（5）着色剂

着色剂可使塑料具有各种鲜艳、美观的颜色,常用的有机染料和无机颜料。

（6）润滑剂

润滑剂可防止塑料在成型时粘在金属模具上,同时保证塑料的表面光滑美观。常用的润滑剂有硬脂酸及其钙镁盐等。

（7）抗氧剂

其作用是防止塑料在加热成型或在高温使用过程中受热氧化,而使塑料变黄、发裂等。

除了上述助剂外,塑料中还可加入阻燃剂、发泡剂、抗静电剂等,以满足不同的使用要求。

2. 塑料的分类

（1）按使用范围分类

通用塑料,一般是指产量大、用途广、成型性好、价格便宜的塑料。通用塑料有五大品种,即聚乙烯(PE)、聚丙烯(PP)、聚氯乙烯(PVC)、聚苯乙烯(PS)及丙烯腈-丁二烯-苯乙烯共聚合物(ABS)。根据各种塑料不同的使用特性,通常将塑料分为通用塑料、工程塑料和特种塑料三种类型。

工程塑料,一般指能承受一定外力作用,具有良好的机械性能和耐高、低温性能,尺寸稳定性较好,可以用作工程结构的塑料,如聚酰胺、聚砜等。

特种塑料,一般是指具有特种功能,可用于航空、航天等特殊应用领域的塑料。如氟塑料和有机硅具有突出的耐高温、自润滑等特殊功用,增强塑料和泡沫塑料具有高强度、高缓冲性等特殊性能,这些塑料都属于特种塑料的范畴。

常见工程塑料的名称、代号及性能见表 9-1。

表 9-1 常见工程塑料的名称、代号及性能

类别	名 称	代号	性 能			
			密度(g/cm³)	拉伸强度 (MPa)	缺口冲击韧性 (J/cm²)	使用温度(℃)
热塑性塑料	聚乙烯	PE	0.91~0.965	3.9~38	>0.2	-70~100
	聚氯乙烯	PVC	1.16~1.58	10~50	0.3~1.1	-15~55
	聚苯乙烯	PS	1.04~1.10	50~80	1.37~2.06	-30~75
	聚丙烯	PP	0.90~0.915	40~49	0.5~1.07	-35~120
	聚酰胺	PA	1.05~1.36	47~120	0.3~2.68	<100
	聚甲醛	POM	1.41~1.43	58~75	0.65~0.88	-40~100
	聚碳酸酯	PC	1.18~1.2	65~70	6.5~8.5	-100~130
	聚砜	PSF	1.24~1.6	70~84	0.69~0.79	-100~160
	丙烯腈- 丁二烯- 苯乙烯共聚物	ABS	1.05~1.08	21~63	0.6~5.3	-40~90
	聚四氟乙烯	PTFE	2.1~2.2	15~28	1.6	-180~260
	聚甲基丙 烯酸甲酯	PMMA	1.17~1.2	50~77	0.16~0.27	-60~80
热固性塑料	酚醛树脂	PF	1.37~1.46	35~62	0.05~0.82	<140
	环氧树脂	EP	1.11~2.1	28~137	0.44~0.5	-89~155

(2)按受热特性分类

根据各种塑料不同的特性,可以把塑料分为热固性塑料和热塑料性塑料两种类型。

热塑性塑料是指加热后会熔化,可流动至模具冷却后成型,再加热后又会熔化的塑料。通用的热塑性塑料其连续使用温度在 100℃以下,典型的有聚乙烯(PE)、聚氯乙烯(PVC)、聚丙烯(PP)、聚苯乙烯(PS)等。热塑性塑料具有优良的电绝缘性,特别是聚四氟乙烯(PTFE)、聚苯乙烯、聚乙烯、聚丙烯都具有极低的介电常数和介质损耗,适合用作高频和高电压绝缘材料。热塑性塑料易于成型加工,但耐热性较低,易于蠕变。

热固性塑料是指在受热或其他条件下能固化或具有不溶(熔)特性的塑料,如酚醛塑料、环氧塑料等。典型的热固性塑料有酚醛(PF)、环氧(EP)、氨基(UP)、不饱和聚酯等材料。它们具有耐热性高、受热不易变形等优点。缺点是机械强度一般不高,但可以通过添加填料,制成层压材料或模压材料来提高其机械强度。

三、橡胶

橡胶是具有可逆形变的高弹性聚合物材料,在室温下富有弹性,在很小的外力作用下能产生较大形变,去除外力后能恢复原状。橡胶属于完全无定型聚合物,它的玻璃化转变温度(T_g)低,分子量往往很大,大于几十万。

　　橡胶的分子链可以交联,交联后的橡胶受外力作用发生变形时,具有迅速复原的能力,并具有良好的物理力学性能和化学稳定性。橡胶是橡胶工业的基本原料,广泛用于制造轮胎、胶管、胶带、电缆及其他各种橡胶制品。

　　橡胶按来源分为天然橡胶和合成橡胶。天然橡胶主要来源于三叶橡胶树,胶乳经凝聚、洗涤、成型、干燥制得。合成橡胶是由人工合成方法而制得的高分子弹性材料。合成橡胶按应用范围分为通用橡胶和特种橡胶。通用橡胶是指部分或全部代替天然橡胶使用的胶种,如丁苯橡胶、顺丁橡胶、异戊橡胶等,主要用于制造轮胎和一般工业橡胶制品。通用橡胶的需求量大,是合成橡胶的主要品种。特种合成橡胶是指具有耐热、耐寒、耐油、耐臭氧等特殊性能的合成橡胶。

　　常用工业橡胶的名称、代号及性能见表 9-2。

表 9-2　常用工业橡胶的名称、代号及性能

名称、代号	性能			名称、代号	性能		
	密度/ (g/cm³)	拉伸强度/ MPa	使用温度/ ℃		密度/ (g/cm³)	拉伸强度/ MPa	使用温度/ ℃
天然橡胶 (NR)	0.90~ 0.95	25~ 30	−55~ 70	丁腈橡胶 (NBR)	0.96~ 1.20	15~ 30	−10~ 120
丁苯橡胶 (SBR)	0.92~ 0.94	15~ 20	−45~ 100	聚氨酯 橡胶(UR)	1.09~ 1.30	20~ 35	−30~70
丁基橡胶 (IIR)	0.91~ 0.93	17~ 21	−40~ 130	氟橡胶 (FBM)	1.80~ 1.85	20~ 22	−10~ 280
顺丁橡胶 (BR)	0.91~ 0.94	18~ 25	−70~ 100	硅橡胶 (Q)	0.95~ 1.40	4~10	−100~ 250
氯丁橡胶 (CR)	1.15~ 1.30	25~ 27	−40~ 120	聚硫橡胶 (PSR)	1.35~ 1.41	9~15	−10~70
乙丙橡胶 (EPDM)	0.86~ 0.87	15~ 25	−50~ 130				

1. 天然橡胶

　　天然橡胶是一种以聚异戊二烯为主要成分的天然高分子化合物,其成分中 91%~94% 是橡胶烃(聚异戊二烯),其余为蛋白质、脂肪酸、灰分、糖类等非橡胶物质。天然橡胶是应用最广的通用橡胶,具有优良的回弹性、绝缘性、隔水性及可塑性等,经过适当处理后还具有耐油、耐酸、耐碱、耐热、耐寒、耐压、耐磨等性质,大量用于制造轮胎、各种工业橡胶制品和生活用品。

2. 合成橡胶

(1)丁苯橡胶

　　丁苯橡胶由丁二烯和苯乙烯共聚制得,是产量最大的通用合成橡胶,可分为乳聚丁苯橡胶、溶聚丁苯橡胶和热塑性橡胶(SBS)等。

(2)顺丁橡胶

　　顺丁橡胶是丁二烯经溶液聚合制得的,具有特别优异的耐寒性、耐磨性和弹性,还具有

较好的耐老化性能。顺丁橡胶绝大部分用于生产轮胎,少部分用于制造耐寒制品、缓冲材料以及胶带、胶鞋等。顺丁橡胶的缺点是抗撕裂性能较差,抗湿滑性能不好。

(3)氯丁橡胶

它是以氯丁二烯为主要原料,通过均聚或与少量其他单体共聚而成的。氯丁橡胶具有抗张强度高,耐热、耐光、耐老化性能优良等优点,耐油性能均优于天然橡胶、丁苯橡胶、顺丁橡胶;另外,它还具有较强的耐燃性和优异的抗延燃性,化学稳定性较高,耐水性良好。氯丁橡胶的缺点是电绝缘性能及耐寒性能较差,生胶在贮存时不稳定。氯丁橡胶用途广泛,如用来制作运输皮带和传动带,电线、电缆的包皮材料,制造耐油胶管、垫圈以及耐化学腐蚀设备的衬里。

(4)丁基橡胶

丁基橡胶由异丁烯和少量异戊二烯低温共聚而成。丁基橡胶气密性极好,耐老化性、耐热性和电绝缘性较高,耐水性好,耐酸碱能力高,具有很好的抗重复弯曲性能。但其强度低,加工性差,硫化慢,易燃,不耐辐射,不耐油,对烃类溶剂的抵抗力差。丁基橡胶带用于制造内胎、外胎以及化工衬里、绝缘材料、防震动、防撞击材料等。

(5)乙丙橡胶

乙丙橡胶由乙烯和丙烯(EPM)或由乙烯、丙烯和少量共轭二烯(EPDM)共聚而制得。乙丙橡胶具有优异的耐老化性、耐候性、耐水性、化学稳定性和耐热、耐寒性,弹性、绝缘性能高,相对密度小,但是拉伸强度较差,耐油性差,不易硫化。乙丙橡胶主要用于制造电线电缆护套、胶管、汽车配件、车辆密封条、防水胶板及其他通用制品。

(6)丁腈橡胶

丁腈橡胶是由丁二烯和丙烯腈经乳液聚合法制得的,丁腈橡胶耐油性极好,耐磨性较高,耐热性较好。此外,它还具有良好的耐水性、气密性及优良的黏结性能。其缺点是耐低温性差,耐臭氧性差,绝缘性能低,弹性稍低,硬度高,不易加工。丁腈橡胶主要用于制造各种耐油橡胶制品,如多种耐油垫圈、垫片、套管,及软包装、软胶管、印染胶辊、电缆胶材料等,在汽车、航空、石油、复印等行业中是必不可少的弹性材料。

(7)聚氨酯橡胶

聚氨酯橡胶为聚合物主链上含有较多的氨基甲酸酯基团的系列弹性体材料,实为聚氨基甲酸酯橡胶,简称为聚氨酯橡胶。聚氨酯橡胶耐磨性高于其他各类橡胶,拉伸强度最高,弹性高,耐油、耐溶剂性能优良,耐热、耐水、耐酸碱性能差。聚氨酯橡胶主要用于制造胶轮、实心轮胎、齿轮带及胶辊、液压密封圈、冲压模具材料、鞋底等。

(8)硅橡胶

硅橡胶是主链由硅和氧原子交替构成,硅原子上通常连有两个有机基团的橡胶。硅橡胶耐高温及耐低温性突出,化学惰性大,电绝缘性优良,耐老化性能好,但强度低,价格较贵。硅橡胶的透气性好,氧气透过率在合成聚合物中是最高的,可用于耐高、低温密封绝缘制品和印模材料。此外,硅橡胶还具有生理惰性、不会导致凝血的突出特性,因此在医用领域应用广泛。

(9)氟橡胶

氟橡胶是指主链或侧链的碳原子上含有氟原子的合成高分子弹性体。氟橡胶具有优异的耐热性、抗氧化性、耐油性、耐腐蚀性和耐大气老化性。此外,氟橡胶对日光、臭氧及气候的作用也十分稳定,对各种有机溶剂及腐蚀介质的抗耐性均优于其他橡胶。因此氟橡胶在航天、航空、汽车、石油和家用电器等领域应用广泛,是国防尖端工业中无法替代的关键材料。

(10)聚硫橡胶

聚硫橡胶是由甲醛或二氯化合物和碱金属或碱土金属的多硫化物缩聚而得的合成橡胶。聚硫橡胶耐各种介质腐蚀性优良,耐老化性好,但强度很低,变形大。聚硫橡胶主要用于制造油箱和建筑密封泥子。

第二节 陶瓷材料

一、陶瓷材料的分类

陶瓷材料是指以天然矿物或人工合成的各种化合物为基本原料,经粉碎、成型和高温烧结制成的一类无机非金属材料。它与金属材料、高分子材料一起被称为三大固体材料。

陶瓷材料按成分划分为普通陶瓷(传统陶瓷)和特种陶瓷(现代陶瓷)两大类。普通陶瓷材料采用天然原料如长石、黏土和石英等烧结而成,是典型的硅酸盐材料,主要组成元素是硅、铝、氧。普通陶瓷来源丰富,成本低,工艺成熟,按性能特征和用途又可分为日用陶瓷、建筑陶瓷、电绝缘陶瓷、化工陶瓷等。

特种陶瓷材料采用高纯度人工合成的原料,利用精密控制工艺成型烧结制成,一般具有某些特殊性能,以适应各种需要。根据其主要成分,可分为氧化物陶瓷、氮化物陶瓷、碳化物陶瓷、金属陶瓷等。特种陶瓷在力、光、声、电、磁、热等方面具有特殊的性能。

陶瓷材料按使用性能可以划分为:工程(结构)陶瓷和功能陶瓷。工程陶瓷是指具有优良的力学性能,用来制造结构件的陶瓷材料,如超硬陶瓷、高强度陶瓷等。功能陶瓷是指具有特殊物理性能,用来制作功能器件的陶瓷材料,如氧化铁陶瓷、铁电陶瓷、压电陶瓷、生理陶瓷等。超导材料和光导纤维也属于功能陶瓷材料。

二、陶瓷材料的组织结构

陶瓷材料的化学组成、结合键类型和显微组织结构是决定其性能的最本质因素。普通陶瓷的典型组织是由晶体相、玻璃相、气相三部分组成,如图 9-1 所示。特种陶瓷的原料纯度高,组成比例单一。陶瓷的性能不仅与组成相有关,还与组成相的数量、大小、分布等因素有着密切的关系。

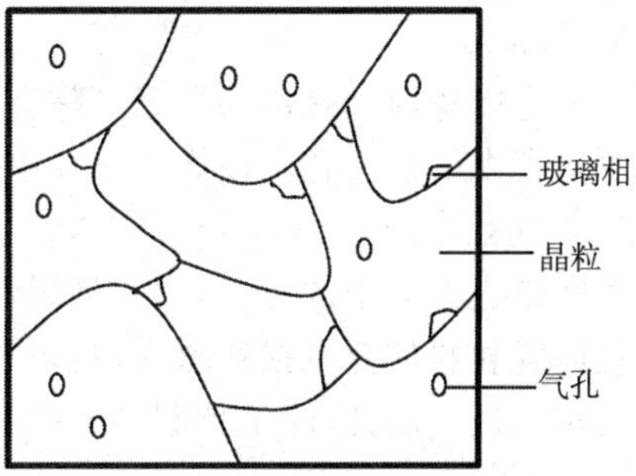

图 9-1 陶瓷的显微组织示意图

1. 晶体相

晶体相由一些化合物或以化合物为基的固溶体构成,是陶瓷材料的主要组成相,对性能影响最大。陶瓷相中的晶体相有很多种,可分为主晶相、次晶相和第三晶相等。当陶瓷中有几种晶体相时,数量最多、作用最大的晶体相为主晶相,决定了陶瓷的性能。陶瓷中晶体相的种类主要有硅酸盐、氧化物和非氧化物。

(1)硅酸盐

硅酸盐是普通陶瓷材料的主要原料,同时也是陶瓷组织中重要的晶体相,如莫来石、长石等。硅酸盐的结合键主要为离子键与共价键的混合键。组成各种硅酸盐的基本单元是硅氧四面体,图9-2为其示意图:4个氧原子紧密排列成四面体,硅离子居于四面体中心的间隙中。硅氧四面体可以构成岛状、链状、层状和骨架状等不同的硅酸盐结构,其间还可有不同的离子,派生出不同性能。

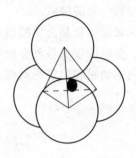

图9-2 Si-O四面体

(2)氧化物

氧化物是大多数陶瓷尤其是特种陶瓷的主要组成成分和晶体相。它们主要由离子键结合,有时也有共价键。氧化物结构的特点是较大的氧离子紧密排列成简单立方、面心立方、密排六方等晶体结构,依靠强大的离子键,也可能有一定数量的共价键,形成非常稳定的离子晶体。

(3)非氧化物

非氧化物是指不含氧的金属碳化物、氮化物、硼化物和硅化物等。这些非氧化合物是特种陶瓷特别是金属陶瓷的主要组成成分和晶体相。主要由强大的共价键结合,但也有一定数量的金属键或离子键。

2.玻璃相

玻璃相是陶瓷材料在高温烧结时各组成物及杂质发生一系列物理、化学反应后经冷却形成的一种非晶态物质。玻璃相的主要作用是将分散的晶体相黏结在一起,填充晶体之间的空隙,提高陶瓷的致密性;降低烧成温度,加快烧结过程;阻止晶体转变,抑制晶相长大;获得一定程度的玻璃特性,如透光性等。但是玻璃相的强度低,热稳定性差,导致陶瓷在高温下容易产生蠕变,降低其高温强度。玻璃相结构疏松,其空隙中常有金属离子填充,降低了陶瓷的绝缘性。玻璃相对陶瓷材料的介电性能、耐热、耐火性能等都是不利的,因此玻璃相的含量不能太大,一般为20%～40%。

3.气相

气相是陶瓷内部残留的孔洞。陶瓷坯体成型时,粉末间不可能达到完全的致密堆积,或多或少会存在一些气孔。在烧成过程中,这些气孔大大减少,但不可避免会有一些残留。普通陶瓷的气孔率通常为5%～10%,特种陶瓷要求在5%以下,金属陶瓷则要求在0.5%以下。气孔是应力集中的地方,常常是裂纹的发源处。气孔的存在对会降低陶瓷材料的强度,还会使陶瓷材料的介电损耗增大,抗电击穿强度下降,热导率下降,还可使光线散射而降低陶瓷的透明度。因此,除了特制的多孔陶瓷外都希望尽量降低气孔含量,力求气孔小,数量少,分布均匀。

三、陶瓷材料的性能

1.力学性能

陶瓷材料具有很高的硬度、耐磨性和弹性模量。绝大多数陶瓷的硬度和弹性模量远高于金属和高聚物,例如陶瓷的硬度多为 1000HV~1500HV,淬火钢为 500HV~800HV,而高聚物不超过 20HV。例如,氧化铝陶瓷(95%Al_2O_3)的弹性模量约为 $3.655×10^5$MPa,钢一般是 $1.9×10^5~2.2×10^5$MPa,而尼龙 6 为 830~2600MPa。但陶瓷的成分、组织不纯,内部杂质多,存在各种缺陷,并有大量气孔,致密度小,导致其实际抗拉强度比本身的理论强度要低的很多。

陶瓷材料的抗拉强度虽然很低,其抗压强度却比较高,一般是抗拉强度的 10~20 倍。这是由于陶瓷受压时,气孔不易导致裂纹的扩展而造成的。另外,陶瓷材料具有良好高温强度,高温抗蠕变能力强,且有很高的抗氧化性,适宜做高温材料。

陶瓷材料最大的弱点是脆性大,具有很低的塑性和韧性,在室温下几乎没有塑性,很低的抗拉强度。

2. 物理、化学性能

(1)热学性能

陶瓷材料的熔点高(大多数在 2000℃以上),具有很好的耐热性,热硬度可达 1000℃。热膨胀系数小,热导率低,热容小,导热性比金属小得多,是优良的绝热材料。常作为高温绝热材料,可以制作耐火泥、耐火砖、耐火材料等,刚玉(Al_2O_3)还能制成耐高温的坩埚等。但是陶瓷材料的一个主要缺点是其热稳定性很低。

(2)电学性能

大多数陶瓷是良好的绝缘体,可以用于制作各种电压(110kV 以下)的隔电瓷质绝缘器件。

(3)光学性能

陶瓷材料由于晶界、气孔的存在,一般是不透明的。但可以通过烧结机制和晶粒控制将不透明的氧化物陶瓷烧结成透光的透明陶瓷。特殊光学陶瓷不仅具有透光性,还具有导光性、光反射性等功能,可用于制造固体激光器材料、光导纤维材料、红外光学材料等等。

(4)化学性能

陶瓷的化学稳定性很高,不老化、不氧化。在离子晶体为主的陶瓷中,金属原子被包围在非金属原子的间隙中,不能与介质中的氧发生作用,甚至在 1000℃以上的高温也不被氧化。此外,陶瓷对酸、碱、盐等均有较强的抗腐蚀性能,不易与金属熔体(如铜、铝)发生作用,可作为极好的耐蚀材料和坩埚材料。

四、常用工程结构陶瓷材料

1. 氧化物陶瓷

(1)氧化铝陶瓷

这种陶瓷的主要成分是 Al_2O_3 和 SiO_2。Al_2O_3 的含量越高,性能越好。一般 Al_2O_3 的体积分数都在 95%以上,故又称高铝陶瓷。其主晶相是刚玉(α - Al_2O_3)晶体,高铝陶瓷的玻璃相与气孔很少。

氧化铝陶瓷耐高温,熔点高达 2050℃,可在 1600℃下长期使用,具有很好的热硬性,其硬度仅次于金刚石、立方氮化硼、碳化硼和碳化硅,比硬质合金还硬。氧化铝陶瓷耐酸碱的侵蚀能力强;韧性低、脆性大,不能承受温度的急剧变化,广泛用于高速切削的刀具,加工难以切削的材料,也可制作量具及熔化金属的坩埚、高温热电偶、保护套管等。

（2）氧化镁陶瓷

这种陶瓷的主晶相是 MgO 离子晶体。这种陶瓷能抵抗各种金属碱性碴的作用,故可以用坩埚来熔炼高纯度的铁、钼、镁等金属,以及制作炉衬的耐火砖。但其热稳定性差,在高温下易挥发。

（3）氧化锆陶瓷

这种陶瓷主晶相是 ZrO_2 离子晶体,能耐很高的温度（2300℃以下）,还能抵抗熔融金属的侵蚀,室温下为绝缘体,在 1000℃ 以上为导体。可用作熔炼铂、锗等金属的坩埚和高温电极。此外用氧化锆作添加剂可极大提高陶瓷材料的强度和韧性,如用氧化锆增韧氧化铝陶瓷材料,可使其强度和韧性提高三倍左右。

2. 氮化物陶瓷

（1）氮化硅陶瓷（Si_3N_4）

除具有陶瓷共有的特点外,其热膨胀系数比其他陶瓷材料小,有良好的抗热性能和耐热疲劳性能。在空气中使用到 1200℃ 以上仍能保持其强度。这种陶瓷的摩擦因数小,有自润滑性,因此耐磨性良好,化学稳定性高,除氟化氢外,可耐碱和无机酸的腐蚀,并能抵抗熔融铝、铅、镍等非铁金属的侵蚀。此外,还具有优良的电绝缘性。氮化硅陶瓷主要用于制造形状复杂、尺寸精度高的零件,如各种潜水泵和船用泵的密封环、化工球阀的阀芯、高温轴承等,也可以制作切削刀具、热电偶管等。

（2）氮化硼陶瓷（BN）

氮化硼陶瓷晶体具有六方或立方结构,主要成分为 BN。六方氮化硼的结构与石墨相似,故有"白石墨"之称。氮化硼陶瓷硬度低,可以进行切削加工,具有自润滑性能、良好的耐热性及化学稳定性,常用于高温轴衬、高温模具等耐摩擦的零件。立方氮化硼硬度极高,是仅次于金刚石的超硬材料,是极好的耐磨材料。可用作制作金属切削刀具,适用于高硬度金属材料的精加工和有色金属的粗加工。

3. 碳化物陶瓷

WC、TiC、B_4C、SiC、NbC、VC 等属于碳化物陶瓷。碳化物陶瓷的熔点通常在 2000℃ 以上,其硬度高、耐磨性好,但抗氧化能力差、脆性大。其中碳化钨、碳化钛可制作硬质合金刀具,热压碳化硅陶瓷具有优异的高温强度,其抗弯强度在 1400℃ 仍然保持在 500~600MPa,高于其他陶瓷材料。此外,碳化物陶瓷还具有很高的热传导能力、良好的热稳定性、耐磨性、耐蚀性和抗蠕变性,可用作高温零件,如火箭喷嘴、热电偶套管、高温热交换材料等,此外还可制作各种泵的密封圈、砂轮、磨料等。

4. 金属陶瓷

金属陶瓷是由金属或合金与陶瓷组成非均质复合材料。它综合了金属和陶瓷的优良性能,即把金属的抗热性能和韧性与陶瓷的硬度、耐热性、耐蚀性综合起来,形成了具有高强度、高韧性、高耐蚀性和高的高温强度的新型材料。

金属陶瓷中常用的金属有铁、铬、镍、钴及其合金,它们起黏结作用,也称黏合剂。而常用的陶瓷材料有各种氧化物、碳化物和氮化物,它们是金属陶瓷的基体。

通常作为工具使用的金属陶瓷,其成分以陶瓷（氧化物和碳化物）为主,而作为结构材料的金属陶瓷,则以金属为主。而实际使用的大多数是以陶瓷为主的金属陶瓷,已在切削工具方面广泛地应用。而作为结构材料使用的金属陶瓷,其应用范围也在逐渐扩大。例如,氧化铝基金属陶瓷目前主要用作工具材料,广泛地用于高速切削,能加工硬的材料,如淬火钢等。氧化铝基金属陶瓷在增加金属含量后逐渐用于制作喷嘴、热拉丝模、耐蚀轴承、环规和机械密封圈等零件。

5. 新型功能陶瓷材料

新型功能陶瓷材料有导电陶瓷、磁性陶瓷、压电陶瓷、陶瓷系传感器材料等。

几种常用工程陶瓷的性能见表9-3。

表9-3　几种工程陶瓷的性能

名　称		弹性模量/ 10^3 MPa	莫氏硬度/ 级	抗拉强度/ MPa	抗压强度/ MPa	熔点/ ℃	最高使用温度(空气中)/ ℃
氧化铝(Al_2O_3)		350～415	9	265	2100～3000	2050	1980
氧化锆(ZrO_2)		175～252	7	140	1440～2100	2700	2400
氧化镁(MgO)		214～301	5～6	60～80	780	2800	2400
氧化铍(BeO)		300～385	9	97～130	800～1620	2700	2400
氮化硼 (BN)	六方	34～78	2	100	238～315	—	1100～1400
	立方	—	8000HV～ 9000HV	345	800～1000	—	2000
氮化硅 (Si_3N_4)	反应 烧结	161	70HRA～ 85HRA	141	1200	2173	1100～1400
	热压 烧结	302	2000HV	150～275	3600	2173	1850
碳化硅(SiC)		392～417	2500HK～ 2550HK	70～280	574～1688	3110	1400～1500

第三节　复合材料

复合材料是将两种或两种以上物理、化学性质不同的材料组合起来的一种多相固体材料。复合材料不仅保留了组成材料各自的优点,而且各组成材料可以取长补短、共同协作,产生优于原组成材料的综合性能。

复合材料是多相材料,组成包括基体相和增强相。基体相是一种连续的、黏结增强相的材料,起传递应力的作用。增强相起承受应力和承担功能的作用。这两类相可以是高聚物、陶瓷或金属。例如炭黑填充聚乙烯导电复合材料有两个相:其一是聚乙烯,主要起黏结作用,为基体相或基体材料;其二是炭黑,主要是起到导电作用,为增强相或增强材料。因此复合材料最大的优点是性能比组成材料好,具有优良的综合性能。

一、复合材料的分类

复合材料的分类方式很多种,根据基体材料和增强材料的形态、复合方式及其用途可以划分成三类:

1. 按基体材料分类

按照基体材料不同,复合材料可以划分为:金属基复合材料,如纤维增强金属等;高聚物复合材料,如纤维增强塑料、轮胎等;陶瓷复合材料,如混凝土等。

2. 按照增强材料的形态和种类分类

按照增强材料的形态,复合材料可以分为纤维增强复合材料、颗粒增强复合材料、层状增强复合材料,如图 9-3 所示。

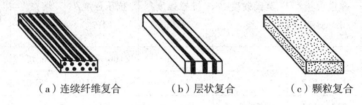

（a）连续纤维复合　　　（b）层状复合　　　（c）颗粒复合

图 9-3　复合材料的形态

3. 按材料的用途分类

按具体用途,复合材料可以分为结构复合材料和功能复合材料两大类。结构复合材料主要利用力学性能用来制造各种承受力的结构和零件;功能复合材料是指具有某种特殊的物理或化学性能的材料,可用来制造光学、电学、声学、导热、磁性等相应元件。

二、复合材料的性能特点

1. 高的比强度和比模量

复合材料突出性能特点是,比强度(抗拉强度/密度)和比模量(弹性模量/密度)比其他材料高得多。例如碳纤维增强环氧树脂复合材料的比强度为钢的 7 倍,比模量为钢的 4 倍。这对需要减轻自重而保持高强度和高刚度的结构件尤为重要。

2. 良好的疲劳强度

纤维增强复合材料对缺口、应力集中敏感性小,纤维-基体界面能阻止疲劳裂纹扩展,使裂纹扩展方向改变。例如,多数金属材料疲劳强度只有抗拉强度的 40%~50%,而碳纤维增强复合材料的疲劳极限相当于其抗拉强度的 70%~80%。这种差别是由两种材料裂纹扩展的机理不同所引起的。金属材料疲劳断裂时,裂纹沿拉应力方向迅速扩展而造成突然断裂;而碳纤维增强复合材料基体中密布着大量的纤维,裂纹的扩展要经历非常曲折的路径。

3. 减振性能好

由于复合材料的自振频率高,可以避免共振,而且复合材料的纤维与基体的界面具有吸振能力,所以复合材料的减振性能好。

4. 抗断裂性能强

纤维增强复合材料是由大量单根纤维合成,受载后即使有少量纤维断裂,载荷会迅速重新分布,由未断裂的纤维承担,使构件不至于因一时失去承载能力而断裂,故其抗断裂性能强,断裂安全性好。

5. 高温性能好

由于增强纤维一般在高温下仍保持高的强度和弹性模量,所以用它们增强的复合材料的高温强度和弹性模量均较高,特别是金属基复合材料。例如,一般铝合金,其强度在400℃时会从室温的500MPa降至30～50MPa,而碳纤维或硼纤维增强铝合金复合材料,在400℃时,强度和弹性模量几乎保持室温时的水平。又如,玻璃钢材料可瞬时耐高温,可用于火箭发动机上的耐烧蚀材料。

6. 其他性能

复合材料还具有良好的自润滑减摩性、耐磨性,良好的化学稳定性,隔热、隔音、阻燃等许多性能特点。

复合材料的主要缺点是高成本极大限制了其使用范围。此外复合材料还有横向拉伸强度和层间剪切强度较低,断裂伸长率小,抗冲击低,成型工艺方法尚需改进等缺点。

三、常用复合材料

1. 纤维增强复合材料

纤维增强复合材料是以树脂、塑料、橡胶、陶瓷、金属等为基体相,以有机纤维(如尼龙纤维、聚酯纤维等)、无机非金属纤维(玻璃纤维、碳纤维、碳化硅纤维、硼纤维以及无机物的单晶晶须等),以及金属纤维为增强相的复合材料,它的力学性能特点(高的强度和刚度等)主要与纤维的种类、特性、含量、粗细和排布方式等有关,并且在纤维方向上的强度可比垂直于纤维方向的大几十倍。下面介绍两种常用的具有代表性的纤维增强复合材料。

(1)玻璃纤维-树脂复合材料

玻璃纤维-树脂复合材料通常称为玻璃钢。这类复合材料的增强相是玻璃纤维,基体是树脂。按基体不同可以将其分为两类:一类是热固性树脂为基体的玻璃钢,如环氧树脂、酚醛树脂、聚酯树脂等;另一类是热塑性塑料为基体的玻璃钢,如聚乙烯、聚苯乙烯、聚丙烯、聚酰胺等。玻璃钢的突出优点是比强度高,常用于轻量化方面有要求的结构,例如飞机、汽车、游艇、钓鱼竿等。另外,玻璃钢不反射无线电波,微波透过性好,是制造雷达罩、声呐罩的理想材料。

(2)碳纤维-树脂复合材料

碳纤维-树脂复合材料也被称为碳纤维增强复合材料。这类复合材料常由碳纤维与聚酯、酚醛、环氧、聚四氟乙烯等树脂组成。碳纤维作为增强相,常用来提高纤维增强复合材料的强度、刚度、抗高温氧化性以及抗老化性。其性能优于玻璃钢,密度小、强度高、弹性模量高、比强度和比模量高,并具有优良的抗疲劳性能、耐冲击性能、自润滑性、减振性、耐磨性、耐蚀性和耐热性。因此,这类材料可应用在飞机、导弹、卫星和火箭等要求高的场合,也可用作重要的轴承、齿轮等。

2. 层状复合材料

层状复合材料是由两层或两层以上不同性质的材料结合而成的。层与层之间通过胶合、熔合、轧合、喷漆等工艺方法来实现复合,可获得与层状组成物不同性能的复合材料。常用的层状复合材料有双金属带钢复合材料、塑料涂层复合材料、夹层结构复合材料等。

3. 颗粒增强复合材料

在颗粒增强复合材料中,增强相粒子一般为金属或陶瓷,基体相一般为树脂或金属。常见的颗粒增强复合材料有两类:一类是金属颗粒与树脂的复合。例如橡胶中加入炭粉以增强强度、耐磨性和抗老化性;塑料中加入颗粒状的各种不同填料,以获得不同性能的塑料,如加入银、铜等金属粉末可制成导电塑料,加入磁粉可制成磁性塑料,等等。另一类是陶瓷颗粒与金属基的复合,如硬质合金。

习　题

9-1　热固性塑料与热塑性塑料在性能上有何区别? 要求耐热性好应选择用何种塑料?

9-2　工程塑料与金属材料相比,在性能上和应用上有何差别?

9-3　一般陶瓷材料的组织存在哪几种基本相? 各起什么作用?

9-4　什么是复合材料? 它的结构有何特点?

9-5　工程陶瓷材料有什么性能特点?

9-6　何谓橡胶? 其性能如何? 试举例说明常用橡胶在工业中的应用实例。

9-7　试举出三种陶瓷材料及其在工业中的应用实例。

第十章 机械零件失效及选材

第一节 零件的失效形式

任何机械零部件或结构部件都有一定的功能,如在载荷、温度、介质等作用下保持一定的几何形状和尺寸,承担载荷、传递能量、完成规定的运动。失效是指零件由于某种原因,导致其尺寸、形状或材料的组织与性能的变化失去正常工作应具有的功能。零件在使用过程中如果出现以下情况:

(1)零件完全破坏,不能继续工作;

(2)严重损伤,继续工作不安全;

(3)虽能安全工作,但已不能满足相应要求,起到预定的作用。

只要发生上述三种情况中的任何一种,都认为零件已经失效。特别是那些没有明显预兆的失效,往往会带来严重的后果和巨大的损失,甚至导致重大的事故。因此要对零件的失效进行分析,找出失效的原因,提出预防措施,为提高产品质量、重新设计选材和改进工艺提供依据。

一、零件失效类型

根据零件承受载荷的类型和外界条件及失效的特点,一般机械零件常见的失效形式可分为过量变形失效、断裂失效和表面损伤失效三种。表 10-1 是根据机械零件最常见的失效模式进行的分类,每一类型又包括几种具体的失效形式,同时列出了各种类型的失效所对应的失效机理。

表 10-1 零件的失效形式分类及其失效机理

失 效 模 式		失 效 机 理
过量变形失效	过量弹性变形失效	弹性变形
	过量塑性变形失效	塑性变形
	翘曲畸变失效	弹、塑性变形
断裂失效	韧性断裂失效	塑性变形
	脆性断裂失效	裂纹扩展
	疲劳断裂失效	疲劳
	蠕变断裂失效	蠕变断裂
	应力腐蚀断裂失效	应力腐蚀

（续表）

失 效 模 式		失 效 机 理
表面损伤失效	磨损失效	磨粒磨损、黏着磨损
	表面疲劳失效	疲劳机理
	腐蚀失效	氧化、电化学

图 10-1 和图 10-2 列举了轴类零件和齿轮零件几种常见的失效形式。同一个零件可以有几种常见的失效形式，在使用过程中也可能有不止一种失效形式发生作用。但是零件在实际失效时一般总是有一种失效形式起主导作用，很少同时以两种或两种以上形式失效。至于哪些是主导因素，应做具体的分析。

（a）直升飞机螺旋桨驱动齿轮轴扭断　（b）转轴弯曲疲劳断口形貌　（c）轴颈被埋嵌在轴承中的硬粒子磨损

图 10-1　轴类零件常见的失效形式

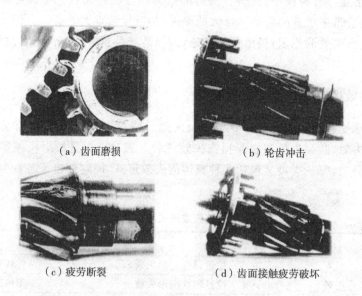

（a）齿面磨损　　　　　　　　　（b）轮齿冲击

（c）疲劳断裂　　　　　　　（d）齿面接触疲劳破坏

图 10-2　齿轮类零件常见的失效形式

二、零件失效形式

1. 过量变形失效

过量变形包括过量弹性变形、过量塑性变形和蠕变等。

(1)过量弹性变形

零件受外力作用会产生弹性变形,如果弹性变形过量,将使设备不能正常工作。如轴类零件发生过量的弹性变形,不仅产生振动,甚至会造成轴上啮合零件的严重偏载,啮合失常。轴承严重偏载,甚至咬死,进而造成传动失效。过量弹性变形是由构件刚度不足造成的。因此,要预防过量弹性变形失效,应选择弹性模量高的材料制作构件或增加构件截面积。

(2)过量塑性变形

零件受大于屈服极限的外力作用,将产生塑性变形,使零件间的相对位置发生变化,致使整个机器运转不良,引起失效。如变速箱中的齿轮受力过大,可使齿形发生塑性变形造成啮合不良,发生振动的噪声,甚至发生卡齿或断齿,引起设备事故。过量塑性变形是由构件的强度不够(塑性变形抗力太小)造成的,可以从改变工艺、更换材料以及改进设计等角度来解决,还可通过降低工作应力来阻止。

(3)蠕变

蠕变失效是由于在长期高温和应力作用下,零件蠕变,变形不断增加造成的。当蠕变量超过规定范围后则处于不安全状态,严重时可能与其他零件相碰,使设备不能正常工作,产生失效。如航空发动机、燃气轮机、锅炉及其他高温工作的零部件,常常由于蠕变产生的塑性变形、应力松弛而失效。在恒定载荷和高温下,蠕变一般是不可避免的。

2. 断裂失效

断裂是金属材料常见的失效形式之一,在没有明显塑性变形的情况下突然发生脆性断裂,往往会造成灾难性事故。根据断口形貌和断裂原因,断裂可分为下述几种:

(1)韧性断裂

断裂之前发生明显的宏观塑性变形的断裂称为韧性断裂。韧性较好的材料所承受的载荷超过该材料的强度极限时,就会发生韧性断裂。韧性断裂是一个缓慢的断裂过程,在断裂过程中需要不断地消耗相当多的能量,与之伴随的是产生大量的塑性变形。宏观的塑性变形方式和大小取决于应力状态和材料性质。

韧窝(如图 10-3 所示)是金属韧性断裂的微观主要特征,它是材料在微观范围内塑性变形产生的显微空洞的生核、长大、聚集,最后相互连接导致断裂后在断口上留下的痕迹。金属材料塑性变形的能力和变性硬化指数的大小直接影响着已长成显微空洞的连接和聚集的难易程度,从而影响韧窝的最终尺寸。

(2)脆性断裂

脆性断裂是指金属材料在断裂之前不发生或发生很小的宏观可见的塑性变形的断裂,断裂之前没有明显的预兆,裂纹长度

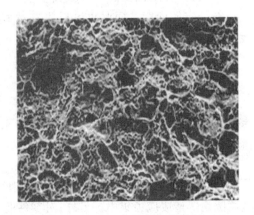

图 10-3 韧窝断口形貌

达到临界长度后,即以声速扩展,并发生瞬间断裂。材料的脆性断裂具有以下特点:断裂时承受的工作应力低,通常不超过材料的屈服强度,甚至不超过其许用应力;总是以零件内部

存在的宏观裂纹(如0.1～1.0mm)作为裂纹源,在远低于屈服强度的应力下逐渐扩大,最后导致突然断裂;中低碳钢在10～15℃以下由韧性状态转变为脆性状态,当体心立方的金属工作温度降低时强度明显增加韧性随之降低,除了工作温度影响之外,晶粒尺寸的增加和晶界上的杂质偏析都会促使这些钢发生韧-脆转变。

(3)韧性-脆性断裂

韧性-脆性断裂又称为准脆性断裂。实际上这是一种塑性与脆性混合的断裂。断口宏观上无明显塑性变形或变形变小,断口平整,具有脆性断裂特征。

(4)疲劳断裂

在交变应力作用下,虽然零件所承受的应力低于材料的屈服强度,但经过较长时间的工作而产生裂纹导致发生断裂,称为金属的疲劳断裂。

断裂是金属材料最严重的失效形式,特别是在没有明显塑性变形的情况下突然发生的脆性断裂,往往会造成灾难性事故。防止零件脆断的方法是准确分析零件所受的应力、应力集中的情况,选择满足强度要求并具有一定塑性和韧性的材料。

3. 表面损伤

表面损伤包括过量磨损、腐蚀破坏、表面疲劳麻坑等。

表面过量磨损是由于摩擦使零件表面损伤,如使零件尺寸变化、重量减少、精度降低、表面粗糙度增加,甚至发生咬合等而不能正常工作。通常可采用表面进行强化处理(渗碳、渗氮)来提高材料的耐磨性。

材料表面和周围介质发生化学或电化学反应引起表面腐蚀损伤也会造成零件失效。这种腐蚀失效与材料的成分、结构和组织有关,当然与介质的性质也有关系。腐蚀失效较复杂,选材尽可能选用一些抗腐蚀性能良好的材料。

相互滚动接触的零件工作过程中,由于接触面做滚动或滚动加滑动摩擦,以及交变接触压应力的长期作用引起表面疲劳,接触表面会出现很多麻坑。为了提高零件的抗表面接触疲劳能力,常采用提高零件表面硬度和强度的方法,如表面淬火、化学热处理,使表面硬化层有一定的深度。同时也可以提高材料的纯洁度,限制夹杂物数量和提高润滑剂的黏度等。

三、零件失效原因

零件失效原因有很多种,在实际生产中零件失效很少是由单一因素引起的,往往是几个因素综合作用的结果。总体上分析,零件的失效涉及零件的设计、材料的选用、加工和安装等方面。

(1)设计不合理

最常见的是零件几何结构和尺寸不合理导致零件失效。例如有尖角、尖锐切口和过小的过渡圆角等造成应力集中。另外,对零件的工作条件估计错误,如对零件在工作中可能的过载估计不足、对环境的恶劣程度估计不足等,也会造成零件实际承载能力不够导致零件失效。

(2)材料不合理

选材不当是材料方面导致失效的主要原因。设计人员仅以材料的强度极限和屈服极限等常规性能指标为依据(而这些指标有时根本不是实际生产中防止某些形状复杂件失效的适当判据),可能导致所选材料的性能数据不符合要求。另外,材料中的冶金质量太差,如存在缩孔、疏松、气孔、夹杂物、偏析、微裂纹等缺陷,而这些缺陷通常也会导致零部件失效。

(3)加工工艺不当

机械零件加工工艺制订不恰当以及操作者的失误或意外损伤都有可能造成零件的失效。比如,锻造不当可造成带状组织、过热、过烧等现象,热处理不当可造成过热、氧化脱碳、淬火裂纹、回火不足等,冷加工不当可造成过高的残余应力、过深的刀痕及磨削裂纹等都可能导致零件的失效。

需要注意的是:有些零件加工不当造成的缺陷与零件的设计有直接的关系,比如零件外形和结构设计不合理会促使热处理缺陷的产生(变形、开裂)。为避免或减少零件淬火时产生开裂,设计零件时应注意截面厚薄均匀、结构对称、截面过渡均匀等,可有效防止薄壁处易开裂、出现大的变形及产生应力集中等缺陷。

(4)安装使用不当

机器零件装配不合理、装配精度低,达不到所要求的质量指标,都会引起零件在使用过程中失效。比如,啮合传动件安装时配合松紧程度不当、对中不良、固定不牢;铆焊结构的探伤检验不良,润滑与密封装置不良,在初步安装调试后,未按规定进行逐级加载走合。而使用过程中造成失效的主要原因包括设备不合理的服役条件(如超速、过载、化学腐蚀)、不正确操作等。

除了上述导致零件失效的四个主要原因外,对零件运转工况参数监控不准确,未能及时检修,操作者违反操作规范、缺乏安全常识、使用和操作基本知识不够等都会导致零件失效。

四、失效分析的方法步骤

机械零件失效会带来巨大的经济损失,甚至会造成严重的人身事故,尤其要防范一些没有明显征兆的失效。因此,对失效的零件进行分析,找出失效原因,提出改进和防范措施,对于提高产品质量,杜绝类似事故再次发生是十分重要的。实际情况往往很复杂,一个零件的失效可能是多种因素造成的。要注意考察分析设计、材料、加工和安装使用等各方面可能出现的问题,逐一排除各种可能失效的原因,找出真正起决定性作用的失效原因,并提出预防和补救措施。零件失效分析一般程序是:调查研究—残骸收集和分析—试验分析研究—综合分析,做出结论和给出报告。步骤如下:

(1)现场调查研究,尽量仔细收集失效零件的残骸,并拍照记录实况,从而确定重点分析的对象,样品应取自失效的发源部位。

(2)详细记录并整理失效零件的有关资料,如设计图纸、加工方式及使用情况等。

(3)对所选定的试样进行宏观和微观分析,利用扫描电镜断口分析确定失效发源地和失效方式,金相分析确定材料的内部质量。

(4)样品有关数据的测定,包括性能测试、组织分析、化学成分分析及无损探伤等。

(5)断裂力学分析。对于低应力脆断零件要测定失效材料的断裂韧度,通过无损检测找出失效部位最大裂纹尺寸,并根据最大工作应力进行断裂力学分析验算,以确定材料的断裂韧度是否合适,从而确定零件是否有发生低应力脆断的可能性。

（6）最后对获得的数据进行集中、整理、分析和处理，做出判断，确定失效的具体原因，并提出改进措施。

第二节　零件选材的一般原则

机械设计不仅包括零件的结构设计，同时也包括所用材料和工艺的设计。正确选材是机械设计的一项重要任务，它必须使选用的材料保证零件在使用过程中具有良好的工作能力，保证零件便于加工制造，同时保证零件的总成本尽可能低。优异的使用性能、良好的加工工艺性能和便宜的价格是机械零件选材的最基本原则。在掌握各种工程材料性能的基础上，正确、合理地选择和使用材料是从事工程构件和机械零件设计与制造的工程技术人员的一项重要的任务。

一、使用性原则

零件的使用性能是保证零件工作安全可靠、经久耐用的必要条件。因此，材料的力学性能、物理性能、化学性能等应能满足零件的使用性能要求。对一般机械零件来说，应主要考虑材料的力学性能。对非金属材料制成的零件（或构件）还应关注其工作环境，因为非金属材料对环境因素（温度、光、水、油等）的敏感程度要远大于金属材料。

使用性能的要求是在分析零件工作条件和失效形式的基础上提出来的，零件的工作条件包括三个方面。

（1）受力情况

受力状况主要是载荷的类型（如动载、静载、循环载荷和单调载荷等）和大小，载荷的形式（如拉伸、压缩、弯曲和扭转等），以及载荷的特点（如均布载荷和集中载荷等）。

（2）环境状况

环境状况主要是温度特性（如低温、常温、高温和变温等）和介质情况（如有无腐蚀和摩擦作用等）。

（3）特殊要求

特殊要求主要是对导电性、磁性、热膨胀、密度、外观等的要求。

通过对零件工作条件和失效形式的全面分析，确定零件对使用性能的要求，然后利用使用性能与实验室性能的相应关系，将使用性能具体转化为实验室机械性能指标，例如强度、韧性或耐磨性等。这是选材最关键的步骤，也是最困难的一步。之后，根据零件的几何形状、尺寸及工作中所承受的载荷，计算出零件的应力分布。再由工作应力、使用寿命或安全性与实验室性能指标的关系，确定对实验室性能指标要求的具体数值。

表10-2列举了几种常见零件的工作条件、失效形式和要求的主要力学性能指标。在确定了具体力学性能指标和数值后，即可利用相关手册选材。但是，零件所要求的力学性能数据，不能简单地同手册、书本中所给出的完全等同，还必须注意以下情况。第一，材料的性能不但与化学成分有关，也与加工、处理后的状态有关，金属材料尤其明显。所以，要分析手

册中的性能指标是在什么加工处理条件下得到的。第二,材料的性能与加工处理时试样的尺寸有关,随截面尺寸的增大,力学性能一般是降低的。因此,必须考虑零件尺寸与手册中试样尺寸的差别,并进行适当的修正。第三,材料的化学成分、加工处理的工艺参数本身都有一定波动范围。一般手册中的性能,大多是波动范围的下限值。就是说,在尺寸和处理条件相同时,手册数据是偏安全的。

表 10-2 典型零件的工作条件、失效形式及要求的力学性能

零件或工具	工 作 条 件			常见的失效形式	要求的主要机械性能
	应力种类	载荷性质	其他		
传动轴	弯、扭应力	循环、冲击	轴颈处摩擦、振动	疲劳断裂、过量变形、轴径处磨损、咬蚀	综合力学性能
普通紧固螺栓	拉、切应力	静载荷	—	过量变形、断裂	屈服强度、塑性及抗剪强度
传动齿轮	压、弯应力	循环、冲击	强烈摩擦、振动	磨损、麻点剥落、齿折断	表面高硬度及高的弯曲强度、接触疲劳强度、心部比较高的强度、韧性
曲轴	弯、扭应力	循环、冲击	轴颈处摩擦	疲劳断裂、脆断、磨损、咬蚀	疲劳强度、硬度、冲击疲劳强度、综合力学性能
连杆	拉、压应力	循环、冲击	—	脆断	抗压强度、冲击疲劳强度
冷作模具	复杂	交变、冲击	强烈摩擦	磨损、脆断	高硬度、高强度、足够的韧性
弹簧	扭(螺旋簧)、弯(板簧)	交变、冲击	振动	弹性丧失、疲劳破坏	弹性极限、屈强比、疲劳强度
滚动轴承	压应力	循环、冲击	强烈摩擦	疲劳断裂、磨损、麻点剥落	接触疲劳强度、硬度、耐蚀性

在利用常规力学性能选材时,有两个问题必须说明。其一,材料的各项性能指标都有自己的物理意义。有的比较具体并可直接应用于设计计算,例如屈服点、疲劳强度、断裂韧度等;有些则不能直接应用于设计计算,只能间接来估计零件的性能,例如伸长率、断面收缩率和冲击韧性等。传统的看法认为,这些指标是属于保证安全的性能指标。对于具体零件,屈服点、疲劳强度、断裂韧性要多大才能保证安全,至今还没有可靠的估算方法,而主要依赖于经验。其二,硬度的测试方法比较简便,不破坏零件,但在确定的条件下与某些力学性能指标有大致的局限性,例如,硬度对材料的组织不够敏感,经不同处理的材料常可得到相同的硬度,而其他力学性能却相差很大,因而不能确保零件的使用安全。所以,设计中在给出硬度值的同时,还必须对处理工艺(主要是热处理工艺)做出明确的规定。

对于在复杂条件下工作的零件,必须采用特殊性能指标做选材依据。如采用高温强度、低周疲劳及热疲劳性能、疲劳裂纹扩展速率和断裂韧性、介质作用下的力学性能等。

二、工艺性原则

材料的工艺性能表示材料加工的难易程度。任何零部件都要通过一定的加工工艺才能制造出来。因此在满足使用性能选材的同时,必须兼顾材料的工艺性能。工艺性能的好坏,直接影响零部件的质量、生产效率和成本。当工艺性能与使用性能相矛盾时,应从工艺性能考虑,放弃某些使用性能合格但工艺性能较差的材料,这时工艺性能成为选择材料的主导因素。工艺性能对大批量生产的零部件尤为重要,因为在大批量生产时,工艺周期的长短和加工费用的高低,常常是生产的关键。

高分子材料的加工工艺比较简单,切削加工性好,但它的导热性较差,在切削过程中不易散热而导致工件温度急剧升高,可能使热固性塑料变焦,使热塑性塑料变软。高分子材料主要成型工艺的比较见表 10-3。

表 10-3   高分子材料各种成型工艺比较

工　艺	适用材料	形　状	表面粗糙度	尺寸精度	模具费用	生产率
热压成型	范围较广	复杂形状	很低	好	高	中等
喷射成型	热塑性塑料	复杂形状	很低	非常好	很高	高
热挤成型	热塑性塑料	棒状	低	一般	低	高
真空成型	热塑性塑料	棒状	一般	一般	低	高

陶瓷材料的加工工艺也比较简单,主要工艺是成型,其中包括粉浆成型、压制成型、挤压成型、可塑成型等。几种工艺的比较见表 10-4。陶瓷材料成型后,除了可以用碳化硅或金刚石砂磨加工外,几乎不能进行任何其他加工。

表 10-4   陶瓷材料各种成型工艺比较

工　艺	优　点	缺　点
粉浆成型	可做形状复杂件、薄塑件,成本低	收缩大,尺寸精度低,生产率低
压制成型	可做形状复杂件,有高密度和高强度,精度较高	设备较复杂,成本高
挤压成型	成本低,生产率高	不能做薄壁件,零件形状需对称
可塑成型	尺寸精度高,可做形状复杂件	成本高

金属材料的工艺性能是指金属适应某种加工工艺的能力。主要是切削加工性能、材料的成型性能(铸造、锻造、焊接)和热处理性能(淬透性、变形、氧化和脱碳倾向等)。

(1)铸造性能主要指流动性、收缩性、热裂倾向性、偏析和吸气性等。在同一合金系中,以共晶成分或共晶点附近成分的合金铸造性能最好。铝合金和铜合金的铸造性能优于铸铁,铸铁又优于铸钢。

(2)锻造性能主要指冷、热压力加工时的塑性变形能力以及热压力加工的温度范围和抗氧化性等。低碳钢的锻造性最好,中碳钢次之,高碳钢则较差。低合金钢的锻造性接近中碳钢。高碳高合金钢(高速钢、高镍铬钢等)由于导热性差、变形抗力大、锻造温度范围小,其锻浩性能较差,不能进行冷压力加工。形变铝合金和铜合金的塑性好,锻造性较好。铸铁、铸造铝合金不能进行冷、热压力加工。

(3)切削加工性能是指材料接受切削加工的能力。一般用切削硬度、被加工表面的粗糙度、排除切屑的难易程度以及对刀具的磨损程度来衡量。材料硬度在 160HB~230HB 范围内时,切削加工性能好。硬度太高,则切削抗力大,刀具磨损严重,切削加工性下降。硬度太低,则不易断屑,表面粗糙度加大,切削加工性也差。高碳钢具有球状碳化物组织时,其切削加工性优于层片状组织。马氏体和奥氏体的切削加工性差。高碳高合金钢(高速钢、高镍铬钢等)切削加工性也差。

(4)焊接性能是指金属接受焊接的能力。一般以焊接接头形成冷裂或热裂以及气孔等缺陷的倾向来衡量。含碳量大于 0.45% 的碳钢和含碳量大于 0.38% 的合金钢,其焊接性能较差。碳含量和合金元素含量越高,焊接性能越差,铸铁则很难焊接。铝合金和铜合金,由于易吸气、散热快,其焊接性比碳钢差。

(5)热处理工艺性能主要指淬透性、变形开裂倾向及氧化、脱碳倾向等。钢的铝合金、钛合金都可以进行热处理强化。合金钢的热处理工艺性能优于碳钢。形状复杂或尺寸大、承载高的重要零部件要用合金钢制作。碳钢含碳量越高,其淬火变形和开裂倾向越大。选渗碳钢时,要注意钢的过热敏感性;选调质钢时,要注意钢的高温回火脆性;选弹簧钢时,要注意钢的氧化、脱碳倾向。

三、经济性原则

从经济性考虑,应尽量选用价格低廉,供应充足,加工方便,总成本低的材料,而且尽量减少所选材料的品种、规格,以简化供应、保管等工作。通常,在满足零件使用性能的前提下,尽量优先选用价廉的材料。能用碳钢解决的,就不要用合金钢;能用普通低合金钢的,就不要用中、高合金钢。

必须指出一点,选材时,不能片面强调成本及费用而忽视在使用过程中的经济效益问题。例如,汽车发动机曲轴的质量直接关系到整机的使用。不能片面追求价廉而忽视曲轴的质量,否则一旦零件失效,将造成整机失效。为了确保零件的使用寿命,需全面考虑,即使材料价格过高,制造成本较高,也可能是经济合理的。

四、材料选择步骤

选材一般按以下步骤进行。

第一步:首先根据零件的服役条件、形状尺寸与应力状态确定零件的技术条件。

第二步:根据分析或试验结果,找出零件在实际使用中的主要失效抗力指标,以此进行选材。

第三步:根据计算,确定零件应具有的主要力学性能指标,正确选材,不仅满足主要力学性能指标要求,而且考虑到工艺性的要求。

第四步:如需热处理或强化方法时,应提出所选原材料的供应状态下的技术要求。

第五步:所选材料应进行经济性的审定。

第六步:试验、投产。

第三节 典型零件选材及工艺分析

机械零件种类很多,性能要求也各不相同,而满足这些性能要求的材料也不止一种。工程上的材料主要是金属材料、非金属材料和复合材料,下面以轴类、齿轮类、箱体类及刀具类为例介绍相关材料及其成型工艺的选择。

一、轴类零件

轴类零件是重要的结构件之一,其主要作用是支承传动零件并传递运动和转矩,同时还承受一定的交变、弯曲应力,是影响机械设备运行精度和寿命的关键零件。因此,从选材角度看,材料应有较高的综合机械性能,局部承受摩擦的部位如车床主轴的花键、曲轴轴颈等处,要求一定的硬度,以提高其抗磨损能力。

1. 工作条件

(1)传递一定的扭矩、承受交变弯曲应力和扭转应力的复合作用以及拉、压应力的作用;

(2)轴颈承受较大的摩擦,尤其是与滑动轴承配合时;

(3)承受一定的冲击载荷、振动和短时过载。

2. 失效形式

(1)疲劳断裂

在扭转疲劳和弯曲疲劳交变载荷长期作用下造成轴断裂,是最主要的失效方式。

(2)磨损失效

轴颈或花键处受到强烈磨损导致失效。

(3)脆性断裂

在大载荷或冲击载荷作用下发生的折断或扭断。

(4)过量变形失效

在载荷作用下,轴发生过量弹性变形和塑性变形而影响设备的正常运行。

3. 性能要求

(1)具有良好的综合机械性能。即要求高的强度和韧性,以防止过量变形和冲击或过载断裂;高的疲劳强度,以防疲劳断裂。

(2)良好的耐磨性,以防止轴颈处磨损。

4. 选材

轴类零件一般按照强度设计来选材,同时还要考虑材料的冲击韧性和表面耐磨性。通常选用中碳或中碳合金调质钢,主要钢种有 45,40Cr,40MnB,40CrNiMo,35CrMoAlA 等。除了上述钢种外,还可以选用不锈钢、球墨铸铁和铜合金等,如一般载重汽车的发动机曲轴,常采用球墨铸铁 QT700-2 制造。

5. 典型轴

(1)C620 车床主轴

C620 车床主轴(如图 10-4 所示)是典型的受扭转-弯曲复合作用的轴件,载荷和转速均不高,冲击载荷也不大,所以具有一般综合机械性能即可满足要求。大端的轴颈、锥孔与卡盘、顶尖之间有摩擦,这些部位要求有较高的硬度和耐磨性。

图 10 - 4　C620 车床主轴

C620 车床主轴的选材及工艺路线如下。

材料:45 钢。

热处理:整体调质,轴颈及锥孔表面淬火与低温回火处理。

性能:整体硬度 220HBS~250HBS;轴颈及锥孔处硬度 52HBC。

工艺路线:下料→锻造→正火→粗加工→调质→精加工→轴颈处表面淬火及低温回火→磨削加工。

工艺路线中各项热处理的目的为:

正火——消除锻造应力及组织不均匀性,为调质做准备;得到合适的硬度,以便切削加工。

调质处理——提高主轴的综合力学性能和疲劳强度,以满足零件心部的强度要求。

表面淬火——使轴颈和锥孔部获得高硬度和高的耐磨性,得到均匀的硬化层。

低温回火——消除淬火应力。

该轴工作时应力较低,冲击载荷不大,45 钢处理后屈服极限可达 400MPa 以上,完全可满足要求。如果这类机床主轴的载荷较大,可用 40Cr 钢制造。当承受较大的冲击载荷和疲劳载荷时,则可采用合金渗碳钢制造,如 20Cr 和 20CrMnTi 等。当轴的精度、尺寸稳定与耐磨性都要求很高时,如精密镗床的主轴,往往选用 38CrMoAlA 渗氮钢,经调质处理后再进行渗氮处理。

(2)汽车半轴

汽车半轴(如图 10 - 5 所示)是车轮转动的直接驱动件,是典型的受扭矩的轴件,工作时承受较大冲击力、弯曲疲劳和扭转应力的作用。在启动、颠簸及紧急制动时受到较大的冲击应力,对材料的抗弯强度、疲劳强度和韧性都有较高的要求。中型载重汽车一般选用 40Cr,重型载重汽车一般选用 40CrMnMo。

汽车半轴的选材及工艺路线如下。

材料:40Cr。

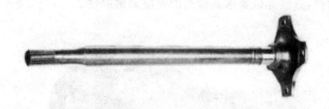

图 10-5 汽车半轴

热处理：整体调质。

性能要求：杆部 37HRC～42HRC；盘部外圆 24HRC～34HRC。

工艺路线：下料→锻造→正火→机械加工→调质→盘部钻孔→精加工。

正火——得到合适硬度（187HBW～241HBW），便于切削加工，为调质处理做准备。

调质处理——保证半轴得到良好的综合力学性能。淬火加热到 850～870℃，保温后，先用油冷却法兰盘部分 10～15s，然后全部放入水中冷却（分级淬火，防止淬火开裂）。为保证杆部硬度在 37HRC～44HRC，将回火温度确定在 420～460℃。为防止第二类回火脆性，回火后应采用水冷。

二、齿轮类零件

齿轮是机械行业应用最广泛的零件之一，主要起传递转矩、变速或改变转力方向的作用。

1. 工作条件

由于传递转矩，齿根部承受较大的交变弯曲应力；齿啮合时齿面相互滚动和滑动，承受较大的接触应力并受强烈的摩擦和磨损。换挡、启动、制动或啮合不良，都会使齿轮承受一定的冲击。

2. 失效形式

失效形式主要有疲劳断裂、表面磨损、过载断裂等。

3. 性能要求

高的弯曲疲劳强度，防止轮齿疲劳断裂；足够高的齿轮心部和韧性，防止轮齿过载断裂；足够高的齿面接触疲劳强度和高的硬度及耐磨性，防止齿面损伤；良好的切削加工性能和热处理工艺性，可获得高的加工精度和低的表面粗糙度，提高齿轮抗磨损能力。

4. 选材

主要根据弯曲强度和弯曲疲劳强度对齿轮进行选材。根据经验，一般多按疲劳强度来选材，同时要考虑韧性及齿面的耐磨性。通常选用中碳结构钢、中碳合金结构钢或合金渗碳钢等，主要钢种有 45，40Cr，20Cr，20CrMnTi，20Mn2B，12CrNi3 等。低速运转的开式传动可选择 Q235 和 45 这两种钢种。

5. 典型齿轮

（1）机床齿轮

机床传动齿轮（如图 10-6 所示）工作中受力不大，转速中等，工作平稳无强烈冲击，因此,其齿面强度、心部强度和韧性的要求均不太高,一般选用中碳钢(如40钢、45钢)制造。经正火或调质处理后再经高频感应加热表面淬火,齿面可达52HRC,齿心硬度为220HBW～250HBW,完全可以满足性能要求。对于性能要求较高的齿轮,可用中碳低合金钢(如40Cr,40MnB等)制造,齿面硬度提高到58HRC左右,心部强度和韧性也有所提高。

图10-6 车床传动齿轮

机床传动齿轮的选材及工艺路线如下。

材料:45钢。

热处理:正火或调质,齿面高频淬火和低温回火。

性能要求:齿轮心部硬度为220HB～250HB;齿面硬度52HRC。

工艺路线:下料→锻造→正火→粗加工→调质处理→精加工→高频淬火→低温回火(拉花键孔)→精磨。

正火——消除锻造应力,获得均匀组织,细化晶粒,调整硬度便于切削加工。

调质处理——得到回火索氏体,减少以后的淬火变形,保证较好的综合机械性能,提高齿轮心部的强度和韧性使齿轮能承受较大的弯曲应力和冲击载荷。可提高齿轮表面硬度和耐磨性。

高频淬火及低温回火——使齿轮表面具有高硬度、高耐磨性,同时,使齿轮表面产生压应力来提高疲劳强度。低温回火是在不降低表面硬度的情况下消除淬火应力,防止产生磨削裂纹和提高齿轮抗冲击的能力。

(2)汽车、拖拉机齿轮

汽车、拖拉机齿轮(如图10-7所示)的工作条件远比机床齿轮恶劣,特别是主传动系统中的齿轮,它们受力较大,超载与受冲击频繁,因此对材料的耐磨性、弯曲疲劳强度、接触疲劳强度、心部强度和韧性等性能要求更高,用中碳钢或中碳低合金钢经高频感应加热表面淬火已不能保证其使用性能。由于弯曲与接触应力都很大,所以汽车的重要齿轮都用渗碳及淬火进行强化处理,以提高耐磨性和抗疲劳性。为保证心部有足够的强度和韧性,要求材料具有较高的淬透性,心部硬度应在35HRC～45HRC。汽车、拖拉机齿轮应选用工艺性能较好的钢材,如20CrMnTi,20CrMnMo,20MnVB等钢种。

图 10-7　汽车、拖拉机齿轮简图

汽车、拖拉机齿轮的选材及工艺路线如下。

材料：20CrMnTi 钢。

热处理：渗碳、淬火、低温回火,渗碳层深 1.2~1.6mm。

性能要求：齿面硬度 58HRC~62HRC,心部硬度 33HRC~48HRC。

工艺路线：下料→锻造→正火→切削加工→渗碳→淬火→低温回火→喷丸→磨加工。

正火——均匀和细化组织,消除锻造应力,调整硬度改善切削加工性能。

渗碳——渗碳层深 1.2~1.6mm,保证齿轮高含碳量,淬火后具有高的硬度和耐磨性。

淬火——进一步增加齿轮表面硬度,提高心部强度。钢中加入的 Cr,Mn 元素,提高了钢的淬透性,淬火后心部为低碳马氏体,有足够强韧性。

低温回火——消除淬火应力,减少脆性,确保齿面具有高的硬度和耐磨性。

喷丸处理——可使齿面硬度提高 1HRC~3HRC,除去氧化皮,减少表面缺陷,使齿面造成预加压应力,提高疲劳强度。

三、弹簧类零件

1. 工作条件

在外力作用下产生压缩、拉伸、扭转,材料将承受弯曲应力或扭转应力。缓冲、减振或复原用的弹簧,承受交变应力和冲击载荷的作用。有些弹簧零件还受到腐蚀和高温的作用。

2. 失效形式

失效形式主要有疲劳断裂、表面磨损、弹性失效等。某些弹簧存在材料缺陷、加工缺陷、热处理缺陷时,当受到过大的冲击载荷,会发生突然的脆性断裂。在腐蚀性介质工作的弹簧容易产生应力腐蚀;高温下使用的弹簧容易出现蠕变和应力松弛,产生永久变形。

3. 性能要求

具有较高的弹性极限、屈服极限和屈强比,高的疲劳强度,良好的材质和表面质量,某些弹簧需要良好的耐蚀性和耐热性。

4．弹簧类零件的选择

弹簧主要根据弹性极限和疲劳强度进行选材。弹簧的工作条件复杂，有些还要求良好的耐热性、高的蠕变极限；或者较低的低温冲击韧性、较低的脆性转变温度；腐蚀介质工作的弹簧还需要良好的耐蚀性。在生产中多选用弹性极限高的金属材料来制造，如 65,75 等碳钢及 60Si2Mn,65Mn 等合金钢。

5．典型弹簧类零件

（1）汽车板簧

汽车板簧（如图 10-8 所示）用于缓冲和吸振，承受很大的交变应力和冲击载荷的作用，需要提高疲劳强度和屈服强度，一般选用 65Mn,60Si2Mn 制造。中型或重型汽车板簧用 50CrMn,55SiMnV 制造，重型载重汽车大截面板簧用 55SiMnMoV,55SiMnMoVNb 制造。

图 10-8　汽车板簧

汽车弹簧的制造工艺路线：热轧钢板（带）冲裁下料→压力成型→淬火→中温回火→喷丸强化。

热处理为：850～860℃（60Si2Mn 钢为 870℃）淬火，油冷，得到马氏体组织；420～500℃回火，得到屈氏体。硬度为 42HRC～47HRC，屈服强度不低于 1100MPa，冲击韧性为 250～300kJ/m^2。

（2）扭杆弹簧

扭杆弹簧（如图 10-9 所示）作为一种弹性元件，广泛地应用于现代汽车的悬架中，在轿车、货车及越野汽车中都有采用。汽车悬架扭杆弹簧选用的钢种有：65Mn,70Mn,55Si2MnA,60Si2MnA,55CrVA,50CrMnMoVA 等以及经电渣重熔的 SAE4340。

图 10-9　扭杆弹簧

弹簧扭杆制造工艺路线：切料→镦锻→退火→端部加工→常规淬火→回火→常温预扭（强扭）处理→喷丸→检验→防锈。

扭杆弹簧热处理后的喷丸和强扭处理，主要用于军用汽车和公路重型汽车的悬架弹簧。轿车及一般载重汽车的悬架和稳定杆，可不用喷丸和强扭处理。

扭杆弹簧的热处理主要是调质处理（调质扭杆）、高频感应淬火（高频扭杆），后者工艺尚待完善。疲劳试验表面当淬硬层率为 50%～70% 时，可获得较高的疲劳极限和抗应力松弛性能。

四、箱体类零件

箱体支撑类零件是机械设备中的基础零件，如图 10 - 10 所示。常见的机床床身、变速箱、进给箱、溜板箱、缸体箱等，都是箱体类零件，起着支撑其他零件的作用。轴和齿轮等零件安装在箱体中，用于保证箱体内各运动零部件的正确相对位置，使其协调运转；工作时箱体承受其中零件的重力及它们之间运动的作用力等。因此，箱体的力学性能要求有足够的抗压强度、刚度和良好的减振性，部分要有一定的弯曲应力。

箱体一般形状复杂，体积较大，且具有中空薄壁的特点，一般多选择铸造毛坯。其性能要求：具有足够的强度和刚度；对精度要求高的机器的箱体，要求有较好的减振性及尺寸稳定性；对于有相对运动的表面要求足够的硬度和耐磨性；具有良好的加工工艺性，以利于加工成型。

图 10 - 10　箱体

对于工作平稳和中等载荷的箱体，一般选用 HT150，HT200，HT300 灰铸铁或球墨铸铁等制造；载荷较大、承受冲击的箱体，可采用铸钢制造，如 ZG35Mn，ZG40Mn；对于要求质量轻、散热良好的箱体，如飞机发动机的汽缸体，多采用铝合金铸造；单件小批生产的形状简单、体积较大的箱体，可采用 Q235A，20，Q345 等钢材焊接而成；受力很小、要求自重很轻的箱体可采用工程塑料制成。

用铸钢制作箱体时，在机械加工前，应进行完全退火或正火，消除粗大的组织、偏析及铸造应力；铸铁件在机械加工前一般要进行去应力退火；对铸造铝合金，应根据其成分，加工前也进行退火或时效等处理。

箱体支承类零件的加工工艺路线：铸造→人工时效（或自然时效）→切削加工。

箱体类零件尺寸比较大，形状结构复杂，铸造或焊接成型后会有较大的内应力，在长期使用会发生缓慢变形。因此，零件毛坯在加工之前必须长期放置（自然时效）或去应力退火（人工时效）。对精度要求比较高的高精度机床床身，在粗加工之后、精加工之前必须增加一次人工时效，消除粗加工所造成的内应力影响。去应力退火一般在 550℃ 加热，保温数小时后随炉温缓慢冷却至 200℃ 以下出炉。

习 题

10-1 什么是失效？机械零件失效有哪些形式？失效原因又有哪些？

10-2 选材的基本原则和步骤是什么？

10-3 齿轮类、轴类零件可能出现的失效形式有哪些？

10-4 失效分析在选材中有哪些意义？

10-5 一般选用 20CrMnTi 做汽车传动齿轮，请指出选此材料的原因。

10-6 高精度磨床主轴，要求变形小，表面硬度高（大于 900HV），心部强度好，并有一定的韧性。问：应选用什么材料，采用什么工艺路线？

10-7 尺寸为 $\phi 30 \times 250mm$ 的轴，用 30 钢制造，经高频表面淬火（水冷）和低温回火，要求摩擦部分表面硬度达到 50HRC～55HRC，但使用过程中摩擦部分严重磨损。试分析失效原因，并提出解决问题的办法。

参 考 文 献

[1] 庞国星. 工程材料与成形技术基础[M]. 北京:机械工业出版社,2014.

[2] 冀秀焕,唐建生. 工程材料与成形工艺[M]. 武汉:武汉理工大学出版社,2011.

[3] 梁耀雄. 机械工程材料[M]. 广州:华南理工大学出版社,2011.

[4] 潘强,朱美华,童建华. 工程材料[M]. 上海:上海科学技术出版社,2005.

[5] 王忠. 机械工程材料[M]. 北京:清华大学出版社,2009.

[6] 刘瑞堂. 机械零件失效分析[M]. 哈尔滨:哈尔滨工业大学出版社,2003.

[7] 支道光. 机械零件材料与热处理工艺选择[M]. 北京:机械工业出版社,2008.

[8] 朱征. 机械工程材料[M]. 北京:国防工业出版社,2011.

[9] 于永泗,齐民. 机械工程材料[M]. 大连:大连理工大学出版社,2007.

[10] 石德珂. 材料科学基础[M]. 北京:机械工业出版社,2008.

[11] 张彦华. 工程材料学[M]. 北京:科学出版社,2010.

[12] 耿香月. 工程材料学[M]. 天津:天津大学出版社,2002.

[13] 周凤云. 工程材料及应用[M]. 武汉:华中科技大学出版社,2002.

[14] 石德珂,沈莲. 材料科学基础[M]. 西安:西安交通大学出版社,1995.

[15] 陈积伟. 工程材料[M]. 北京:机械工业出版社,2006.

[16] 郑明新. 工程材料[M]. 北京:清华大学出版社,1993.

[17] 沈莲. 机械工程材料[M]. 北京:机械工业出版社,1990.

[18] 王运炎,朱莉. 机械工程材料[M]. 北京:机械工业出版社,2009.

[19] 王章忠. 机械工程材料[M]. 北京:机械工业出版社,2010.

[20] 万轶,顾伟,师平. 机械工程材料[M]. 西安:西北工业大学出版社,2016.

[21] 梁耀能. 工程材料及加工工程[M]. 北京:机械工业出版社,2001.

[22] 崔占全,邱平善. 机械工程材料[M]. 哈尔滨:哈尔滨工程大学出版社,2000.

[23] 单丽云,倪宏昕,傅仁利. 工程材料[M]. 徐州:中国矿业大学出版社,2000.